U0683573

数　学

（上册）

主　编　王　应

副主编　胡秋初　钟剑波　冯志良

编　委　袁　德

北京理工大学出版社
BEIJING INSTITUTE OF TECHNOLOGY PRESS

版权专有　侵权必究

图书在版编目（CIP）数据

数学.上册/王应主编.—北京：北京理工大学出版社，2015.7 重印
ISBN 978-7-5640-4759-7

Ⅰ．①数…　Ⅱ．①王…　Ⅲ．①数学—专业学校—教材　Ⅳ①G634.601

中国版本图书馆 CIP 数据核字（2011）第 133779 号

出版发行 / 北京理工大学出版社有限责任公司
社　　址 / 北京市海淀区中关村南大街 5 号
邮　　编 / 100081
电　　话 /（010）68914775（总编室）
　　　　　　82562903（教材售后服务热线）
　　　　　　68948351（其他图书服务热线）
网　　址 / http：//www.bitpress.com.cn
经　　销 / 全国各地新华书店
印　　刷 / 北京通县华龙印刷厂
开　　本 / 787 毫米 × 1092 毫米　1/16
印　　张 / 7
字　　数 / 129 千字
版　　次 / 2015 年 7 月第 1 版第 4 次印刷
定　　价 / 20.00 元

责任编辑 / 袁　媛
　　　　　　张慧峰
责任校对 / 周瑞红
责任印制 / 王美丽

图书出现印装质量问题，请拨打售后服务热线，本社负责调换

前　言

　　本套教材属于中等职业教育《数学》基础模块，根据教育部 2009 年颁布的《中等职业学校数学教学大纲》（以下简称"教学大纲"）编写。教材坚持"教学大纲"对"课程教学目标"的定位，教材内容的选取严格按照"教学大纲"的规定，遵循"教学大纲"对认知要求和技能与能力要求的规定。

　　本书是《数学》基础模块上册，主要有以下编写特色。

　　（1）加强基础性，突出实用性。在保证教材科学性的提前下，不刻意追求内容结构的系统性，充分体现"适用、够用、实用"的原则。大大降低理论教学的要求，突出技能与能力的培养。

　　（2）重视学生实际，体现分层教学思想。考虑到学生基础的差异性，教材的部分章节安排了标有"＊"的例题与习题，并在每章末安排了"知识延拓"栏目，以适应不同学生的需求。

　　（3）注重知识衔接，体现普及型教育特征。从学生实际出发，注重与九年义务教育阶段的衔接，大部分章节都安排了知识回顾。从回顾旧知识中，提出问题，引出新知识。

　　（4）体现职业性，突出时代特征。选择大家熟悉且与生产岗位相关的素材，体现数学知识在职业中的应用；充分落实"教学大纲"对计算器使用的要求。

　　（5）体现学生的认知过程，培养学生的学习兴趣。每章节从"实例""观察""问题""回顾"中引出"新知识"，再用新知识解决实际问题，充分体现学生的认知过程。每章最后安排了"阅读与欣赏"栏目，主要介绍数学界的名人轶事，增强学生对数学的了解与兴趣。

　　本册内容包括：集合、不等式、函数、指数函数与对数函数、三角函数。本册书计划教学时数为 64 学时，学时分配如下表所示。

章节	内容	学时数	章节	内容	学时数
第 1 章	集合	10	第 4 章	指数函数与对数函数	12
第 2 章	不等式	8	第 5 章	三角函数	18
第 3 章	函数	12	机动学时		4

下册内容包括：数列、平面向量、直线和圆的方程、立体几何、概率与统计。

本套教材由王应主编，胡秋初、钟剑波、冯志良为副主编，袁德为编委。在编写过程中，北京理工大学出版社给予了大力支持，并对初稿提出了宝贵的修改意见。在此一并表示衷心的感谢！

由于编者学术水平有限，书中难免存在不足之处，敬请读者提出宝贵意见和建议。

编　者

目　　录

第1章 集 合

2008 年 8 月，北京成功举办了第 29 届奥运会，下图是中国乒乓球女子代表队的全体参赛人员.

在生活实际中，我们常常遇到由某些对象组成的团体或整体，这样的团体或整体在数学中用"集合"来描述.

1.1 集合与元素

1.1.1 集合的概念

观察：下面每个例子所表示的整体有何共同特征？

（1）某中学高二（1）班全体女生组成的整体；

（2）所有自然数组成的整体；

（3）方程 $x^2-4=0$ 的所有实数解组成的整体；

（4）所有直角三角形组成的整体.

上述每个例子都表示由某些确定对象组成的一个整体.

一般的，由某些确定对象组成的整体叫做集合．组成这个整体的每一个对象叫做这个集合的一个元素.

集合通常用大写英文字母 A，B，C，…或大写希腊字母 Ω 来表示，集合的元素用小写英文字母 a，b，c，…来表示.

在例子（2）中，集合的元素是数．通常由数组成的集合叫做数集．

在例子（3）中，方程 $x^2-4=0$ 的所有实数解组成了一个集合，由于方程 $x^2-4=0$ 的解是 2 和 -2，因此 2 和 -2 是这个集合的元素．像这样，由方程的所有解组成的集合叫做这个方程的解集．显然，方程的解集也是数集．

例 1 "本班所有优秀同学"能否组成一个集合？

解 不能．因为"优秀"没有判断标准，某个同学是否优秀是模棱两可的，即这个整体的元素是不确定的，因此它不能组成一个集合．

例 2 "所有小于 1 的正整数"能否组成一个集合？

解 任何一个数我们都能确定它不在这个整体中，虽然这个整体中一个元素都没有，但它是确定的，因此"所有小于 1 的正整数"能组成一个集合．

像例 2 那样，不含有任何元素的集合叫做空集，空集用∅来表示．

下面是我们常用的几个数集：

（1）自然数集：由全体自然数组成的集合叫做自然数集，用 **N** 表示（注意：0 也是自然数）．

集合 **N** 中的元素是：0，1，2，3，…．

（2）整数集：由全体整数组成的集合叫做整数集，用 **Z** 表示．

集合 **Z** 中的元素是：…-3，-2，-1，0，1，2，3，…．

（3）正整数集：由正整数组成的集合叫做正整数集，用 **N*** 表示．（有些教科书上用 **Z**$^+$ 表示）

集合 **N*** 中的元素是：1，2，3，4，…．

（4）有理数集：由全体有理数组成的集合叫做有理数集，用 **Q** 表示．

集合 **Q** 中的元素包括：-2，0，$\frac{1}{3}$，4，5.01 等．

（5）实数集：由全体实数组成的集合叫做实数集，用 **R** 表示．集合 **R** 中的元素包括：$\sqrt{2}$、0.02、-1.5、3、π 等．

课堂练习 1.1.1

1 设 A 表示方程 $x+1=0$ 的解集，指出集合 A 的所有元素．

2 -1 是下述哪个集合的元素？

N，**Z**、**N***、**Q**、**R**．

3 下列对象能否组成一个集合？并指出空集．

①小于 10 的正整数；

②方程 $x^2=-1$ 的所有实数解；

③本班所有高个子同学．

1.1.2 集合与元素的关系

实例 3 是集合 **N** 的一个元素，-1 不是集合 **N** 的元素．

一般地，设 A 是一个集合，若 a 是集合 A 的一个元素，记作：$a \in A$，读作：a 属于 A；若 a 不是集合 A 的元素，记作：$a \notin A$，读作：a 不属于 A.

如实例中，3 是集合 **N** 的一个元素，记作 $3 \in$ **N**，-1 不是集合 **N** 的元素，记作 $-1 \notin$ **N**.

特别提示：符号"$\in$"或"$\notin$"用于描述元素和集合之间关系.

例 3 用符号"$\in$"或"$\notin$"填空：

1 ____ **N**；0.5 ____ **Z**；0 ____ **N***；-2 ____ **Q**，$\sqrt{2}$ ____ **R**.

解 1 _$\in$_ **N**；0.5 _$\notin$_ **Z**；0 _$\notin$_ **N***；-2 _$\in$_ **Q**；$\sqrt{2}$ _$\in$_ **R**.

课堂练习 1.1.2

1. 设 A 表示方程 $x-3=0$ 的解集，3 和 -3 是集合 A 的元素吗？（用符号"$\in$"或"$\notin$"表示）

2. 设 B 表示不等式 $x<5$ 的解组成的集合（不等式的解组成的集合叫做不等式的解集），-1，0，2.1，5 是集合 B 的元素吗？（用符号"$\in$"或"$\notin$"表示）

习题 1.1

1. 下列整体能否组成一个集合？
   （1）坐标平面内 x 轴上的所有点；
   （2）本学期所开设的各门课程；
   （3）大于 5 的所有实数；
   （4）本班所有漂亮女生.

2. 在横线上填上适当的符号：$\in$ 或 $\notin$.
   0 ____ **N**； -3 ____ **N**； 5 ____ **Z**； -1 ____ **Z**；
   2.3 ____ **Q**； $\sqrt{3}$ ____ **R**； 1 ____ **R**； 0 ____ **N***.

3. 下列集合中哪些是空集？哪些不是？
   （1）小于 1 的整数组成的集合；
   （2）方程 $|x|=-1$ 的解集；
   （3）坐标平面上既在第 1 象限又在第 2 象限的点组成的集合。

1.2 集合的表示法

为了方便地研究集合，集合需要用简明而科学的方法表示出来，表示一个集合常用的方法有列举法和描述法.

1.2.1 列举法

把集合的元素一一列举出来，写在一个大括号内，两个元素之间用逗号分隔，这种表示集合的方法叫做列举法.

例1 用列举法表示下列各集合：

(1) 小于 5 的正整数组成的集合；

(2) 北京奥运会中国女子乒乓球队全体参赛成员组成的集合.

解 (1) {1，2，3，4}；

(2) {张怡宁，郭跃，王楠}

用列举法表示一个集合时，元素不能重复、不考虑元素的次序，如集合 {0，1} 与 {1，0} 是同一个集合.

例2 用列举法表示下列集合：

(1) 所有正偶数组成的集合；

(2) 方程 $x^2-4=0$ 的解集.

解 (1) {2，4，6，8，…}.

(2) 解方程 $x^2-4=0$，得 $x_1=2$，$x_2=-2$. 所以方程的解集为 {-2，2}.

用列举法表示一个集合，需要使用省略号时，省略的元素必须能根据已知元素的规律性推出.

课堂练习 1.2.1

用列举法表示下列集合：

(1) 介于 -4 到 4 之间的全体整数组成的集合；

(2) 方程 $x^2-1=0$ 的解集；

(3) 小于 3 的全体整数组成的集合；

(4) 世界四大洋组成的集合.

1.2.2 描述法

问题 "小于 3 的正实数" 组成的集合能用列举法表示出来吗？

小于 3 的正实数有无穷多个，无法一一列举，因此这个集合需要用另外的方法来表示.

把集合元素的特征描述在大括号内，这种表示集合的方法叫做描述法.

用描述法表示集合的一般格式是：

$$\{x \mid x \text{ 的特征}\}.$$

其中，大括号内竖线左边的 x 表示代表元素，竖线右边表示元素所具有的特征.

这样，问题中的集合可用描述法表示为 $\{x \mid 0 < x < 3, x \in \mathbf{R}\}$. 在不引起混淆的情况下，$x \in \mathbf{R}$ 可以省略，即 $\{x \mid 0 < x < 3\}$；当 x 不属于 $\mathbf{R}$ 时，通常要表示出来，如 "小于 3 的正整数" 组成的集合，可用描述法表示为 $\{x \mid 0 < x < 3, x \in \mathbf{Z}\}$.

例3 用描述法表示下列集合：

(1) 方程 $x^2-3x+2=0$ 的解集；

（2）大于 3 的自然数集；

（3）所有偶数组成的集合；

（4）坐标平面上第一象限的所有点组成的集合。

解 （1）$\{x \mid x^2 - 3x + 2 = 0\}$；

（2）$\{x \mid x > 3, x \in \mathbf{N}\}$；

（3）$\{n \mid n = 2m, m \in \mathbf{Z}\}$ 或 $\{2n \mid n \in \mathbf{Z}\}$；

（4）$\{(x, y) \mid x > 0$ 且 $y > 0\}$.

课堂练习 1.2.2

用描述法表示下列集合：

（1）大于 4 的全体实数；

（2）方程 $x + 1 = 0$ 的解集；

（3）x 轴上的所有点；

（4）平方等于 1 的实数.

习题 1.2

1 用适当的方法表示下列集合：

（1）大于 1 且小于 10 的自然数组成的集合；

（2）大于 10 的全体实数组成的集合；

（3）不等式 $x - 1 > 0$ 的解集；

（4）方程 $x^2 + 2x - 1 = 0$ 的解集；

（5）所有正奇数组成的集合.

2 用符号 $\in$ 或 $\notin$ 填空：

0 ＿＿ $\varnothing$； -1 ＿＿ $\{x \mid x^2 - 1 = 0\}$； 5 ＿＿ $\{x \mid 1 < x < 5, x \in \mathbf{Z}\}$；

100 ＿＿ $\mathbf{R}$；b ＿＿ $\{b\}$； -2 ＿＿ $\{x \mid |x| = 2\}$.

1.3 集合之间的关系

1.3.1 子集

观察：对于集合 $B = \{1, 3\}$ 与集合 $A = \{0, 1, 2, 3\}$，显然集合 B 中的每一个元素都是集合 A 的元素. 通常两个集合之间的这种关系我们用子集来描述.

设 A、B 是两个集合，若集合 B 中的每一个元素都是集合 A 的元素，那么集合 B 叫做集合 A 的一个子集. 记作

$$B \subseteq A \text{ 或 } A \supseteq B，\text{读做 "}B\text{ 包含于 }A\text{" 或 "}A\text{ 包含 }B\text{".}$$

由子集的意义，任何一个集合都是它自身的子集，即 $A \subseteq A$.

规定：空集是任何集合的子集，即 $\varnothing \subseteq A$（A 是任意集合）.

为了形象地描述两个集合之间的关系，常用一条封闭曲线（如圆、矩形等）的内部表示一个集合．如 B 是 A 的子集，可以用图 1-1 形象地表示出来：

从图 1-2 可以看出：如果 $C \subseteq B$，且 $B \subseteq A$，则 $C \subseteq A$．

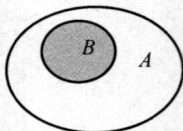

图 1-1

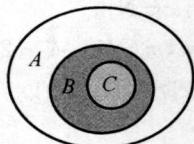

图 1-2

例 1 判断下述两个集合的关系：

(1) $\mathbf{Z}$ 与 $\mathbf{R}$；(2) $\{-1, 0, 1, 2\}$ 与 $\{x \mid |x| = 1\}$．

解 (1) 所有整数都是实数，因此 $\mathbf{Z} \subseteq \mathbf{R}$；

(2) 方程 $|x| = 1$ 的解是 -1 与 1，因此 $\{x \mid |x| = 1\} = \{-1, 1\}$．显然集合 $\{x \mid |x| = 1\}$ 的元素都在集合 $\{-1, 0, 1, 2\}$ 中，因此 $\{-1, 0, 1, 2\} \supseteq \{x \mid |x| = 1\}$．

课堂练习 1.3.1

用符号"$\subseteq$"或"$\supseteq$"填空：

(1) $\mathbf{Z}$ ____ $\mathbf{N}$；(2) $\mathbf{Z}$ ____ $\mathbf{R}$；   (3) $\{0, 1, 2, 3\}$ ____ $\{1, 3\}$；

(4) $\{x \mid x^2 = 9\}$ ____ $\{-3, 0, 3\}$(5) $\varnothing$____ $\{0\}$．

1.3.2 真子集

观察：已知集合 $A = \{1, 2, 3\}$，$B = \{3, 1, 2\}$，$C = \{1, 2\}$．集合 B 与 C 都是集合 A 的子集，即 $B \subseteq A$，$C \subseteq A$，那么子集 B 与 C 有什么区别？

B 与 A 的元素相同；而 C 与 A 的元素不同，如 A 中的元素 3 不在 C 中．子集之间的这种差异我们用"真子集"来区分．

一般地，若 B 是集合 A 的子集，并且 A 中至少有一个元素不属于 B，那么 B 叫做 A 的真子集，记作

$B \subset A$ 或 $A \supset B$，读做"B 真包含于 A"或"A 真包含 B"．

规定：空集是任何非空集合的真子集．

例 2 设 $A = \{0, 1, 2\}$，试写出 A 的所有子集，并指出其中的真子集．

分析：$\varnothing \subseteq A$，$A \subseteq A$．

只含一个元素的子集有：$\{0\}$，$\{1\}$，$\{2\}$．

含有两个元素的子集有：$\{0, 1\}$，$\{0, 2\}$，$\{1, 2\}$．

解 A 共有 8 个子集，它们是：$\varnothing$，$\{0\}$，$\{1\}$，$\{2\}$，$\{0, 1\}$，$\{0, 2\}$，$\{1, 2\}$，$\{0,$

1, 2}.

子集中除集合 A 以外的所有子集都是集合 A 的真子集.

课堂练习 1.3.2

1 设 $A=\{四边形\}$，$B=\{矩形\}$，集合 B 是集合 A 的子集吗？是真子集吗？

2 用符号"$\subseteq$"或"$\supseteq$"填空：

$\mathbf{N}\underline{\qquad}\mathbf{Z}$，$\mathbf{Z}\underline{\qquad}\mathbf{Q}$，$\mathbf{Q}\underline{\qquad}\mathbf{R}$，$\mathbf{R}\underline{\qquad}\mathbf{N}^*$

3 写出集合 $A=\{a,b\}$ 的所有子集，并指出其中的真子集.

1.3.3 集合的相等

问题 集合 $A=\{x\,|\,x^2-1=0\}$ 与集合 $B=\{-1,1\}$ 的元素相同吗？

因为方程 $x^2-1=0$ 的解是 -1 和 1，即为集合 A 的元素. 显然这两个集合的元素完全相同.

一般地，如果集合 A 与集合 B 的元素完全相同，就称集合 A 与集合 B 相等，记作 $A=B$.

例 3 集合 $A=\{x\,|\,(x-1)(x-2)=0\}$ 与集合 $B=\{x\,|\,x<3,x\in\mathbf{N}^*\}$ 是否相等？

解 由方程 $(x-1)(x-2)=0$，得 $x_1=1$，$x_2=2$，因此 $A=\{1,2\}$. 小于 3 的正整数只有 1 和 2，因此 $B=\{1,2\}$. 这两个集合的元素完全相同，故 $A=B$.

课堂练习 1.3.3

1 用适当的符号"$\subseteq$""$\supseteq$"或"$=$"填空：

(1) $\{1,2,3\}\underline{\qquad}\{3,1,2\}$；

(2) $\{1,2,3\}\underline{\qquad}\{0,1,2,3\}$；

(3) $\{x\,|\,x^2+1=0\}\underline{\qquad}\varnothing$.

2 判断下列两个集合是否相等，说明理由.

(1) $\{x\,|\,x^2=16\}$ 与 $\{-4,4\}$；

(2) $\{1,2,3,4\}$ 与 $\{x\,|\,x<5\}$.

习题 1.3

1 用适当的符号"$\subseteq$""$\supseteq$""$=$""$\in$""$\notin$"填空：

(1) $\{3,4,5\}\underline{\qquad}\{1,2,3,4,5\}$；

(2) $\{x\,|\,x+6=0\}\underline{\qquad}\{-6\}$；

(3) $\{x\,|\,x<4\}\underline{\qquad}\{1,2,3\}$；

(4) $\{x\,|\,x^2=4\}\underline{\qquad}\{x\,|\,x=2\}$；

(5) $-3\underline{\qquad}\{x\,|\,x+3=0\}$；

(6) $\{x\,|\,x^2=-4\}\underline{\qquad}\varnothing$；

*(7) $19\underline{\qquad}\{4k+1\,|\,k\in\mathbf{Z}\}$；

*(8) $\{(x,y)\,|\,x>0,y>0\}$ _____ $\{(x,y)\,|\,x>0,y\in\mathbf{R}\}$.

②设 $A=\{$平行四边形$\}$，$B=\{$菱形$\}$，$C=\{$正方形$\}$，这三个集合的关系如何？请画图表示.

③判断下列各式表示的关系是否正确：

(1) $6\in\{6\}$;   (2) $6\subseteq\{6\}$;   (3) $\varnothing\subseteq\{0\}$;   (4) $\varnothing=\{0\}$.

④设 $A=\{0,2\}$，写出 A 的所有子集，并指出哪些是真子集.

⑤设 $A=\{a-1,\,a,\,1\}$，$B=\{0,\,-1,\,1\}$，若 $A=B$，求 a 的值.

1.4 集合的运算

1.4.1 交集

实例 集合 $A=\{1,2,3\}$ 与 $B=\{0,1,3,4\}$ 的公共元素（既在集合 A 中，又在集合 B 中）组成一个集合 $\{1,3\}$.

一般地，对于集合 A、B，由既属于 A 又属于 B 的所有元素（A 与 B 的公共元素）组成的集合，称为集合 A 与 B 的交集，记作 $A\cap B$，读做"A 交 B". 即

$$A\cap B=\{x\,|\,x\in A，且\ x\in B\}.$$

A 与 B 的交集可用图 $1-3$ 中着色部分形象地表示出来.

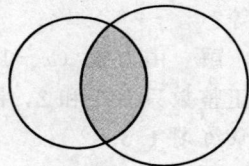

根据交集的意义，对任意集合 A、B，有

$$A\cap A=A，\varnothing\cap A=\varnothing.$$

图 $1-3$

例1 设 $A=\{-1,2,3,4,5\}$，$B=\{0,1,3,5\}$，求 $A\cap B$.

解 $A\cap B=\{-1,2,3,4,5\}\cap\{0,1,3,5\}=\{3,5\}$.

例2 设 $A=\{x\,|\,-1<x\leqslant4\}$，$B=\{x\,|\,x<2\}$，求 $A\cap B$.

解 将集合 A 与 B 在同一数轴上表示出来（如图 $1-4$ 所示）.

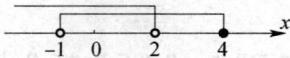

图 $1-4$

观察图中的公共部分，可以得出：

$$A\cap B=\{x\,|\,-1<x\leqslant4\}\cap\{x\,|\,x<2\}=\{x\,|\,-1<x<2\}.$$

课堂练习 1.4.1

①设 $A=\{2,3,4,5\}$，$B=\{1,2,3,4\}$，求 $A\cap B$.

②设 $A=\{-1,1\}$，$B=\{x\,|\,x^2+1=0\}$，求 $A\cap B$.

③将集合 A 与 B 在同一数轴上表示出来，并求 $A\cap B$.

(1) $A=\{x\,|-1<x\leqslant3\}$，$B=\{x\,|-3<x<2\}$；

(2) $A=\{x\,|\,x>3\}$，$B=\{x\,|\,x<1\}$.

1.4.2 并集

实例 将集合 $A=\{1,2,3\}$ 与 $B=\{0,1,3,4\}$ 的所有元素合并在一起（相同元素只写一次）组成一个集合 $C=\{0,1,2,3,4\}$.

一般地，对于集合 A、B，由属于 A 或者属于 B 的所有元素（A 与 B 的所有元素并在一起，重复元素只写一次）组成的集合称为集合 A 与 B 的并集，记作 $A\cup B$，读做"A 并 B". 即

$$A\cup B=\{x\,|\,x\in A，或\,x\in B\}.$$

集合 A 与 B 的并集可用图 1-5 形象地表示出来.

根据并集的意义，对任意集合 A、B，有

$$A\cup A=A，\varnothing\cup A=A.$$

图 1-5

例3 设 $A=\{-1,2,5\}$，$B=\{0,1,3,5\}$，求 $A\cup B$.

解 $A\cup B=\{-1,2,5\}\cup\{0,1,3,5\}=\{-1,0,1,2,3,5\}$.

例4 设 $A=\{x\,|\,x<0\}$，$B=\{x\,|-2\leqslant x<1\}$，求 $A\cup B$.

解 将集合 A 与 B 在同一数轴上表示出来（如图 1-6 所示）.

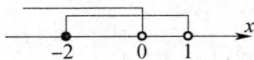

图 1-6

观察图 1-6 可以得出：

$$A\cup B=\{x\,|\,x<0\}\cup\{x\,|-2\leqslant x<1\}=\{x\,|\,x<1\}.$$

课堂练习 1.4.2

1 在横线上填上适当的集合：

(1) $\{1,2,3,4,5\}\cap\{1,3,5,7,9\}=$ _____；

(2) $\{a,b,c\}\cup\{b,c,d,e\}=$ _____；

(3) $\{(0,y)\,|\,y\in\mathbf{R}\}\cap\{(x,0)\,|\,x\in\mathbf{R}\}=$ _____；

(4) $\mathbf{Z}\cup\mathbf{N}=$ ____，$\mathbf{Z}\cap\mathbf{N}=$ ____.

2 将集合 $A=\{x\,|-1<x<3\}$ 与 $B=\{x\,|\,x\geqslant-5\}$ 在同一数轴上表示出来，并求 $A\cap B$ 与 $A\cup B$.

1.4.3 补集

实例 某校举行的乒乓球比赛中，有 5 人进入了决赛，这 5 人组成的集合是 $U=\{$张亮，王鹏，王小强，赵刚，李彬$\}$，其中前 3 名同学组成的集合是 $A=\{$王鹏，赵刚，李彬$\}$，未进入前 3 名的同学组成的集合是 $B=\{$张亮，王小强$\}$.

在这个实例中，研究对象 A 和 B 都是集合 U 的子集，并且集合 B 是由 U 中所有不属于 A 的元素组成的.

通常我们所研究的某些集合常常是一个给定集合的子集，这个给定的集合叫做全集，一般用 U 来表示.

如果集合 A 是全集 U 的一个子集，那么由 U 中所有不属于 A 的元素组成的集合叫做 A 在 U 中的补集，记作 $\complement_U A$，在不引起误解的情况下，也可以简记为 $\complement A$. 即

$$\complement_U A = \{x \mid x \in U，且 x \notin A\}$$

A 在 U 中的补集可用图 $1-7$ 形象地表示出来.

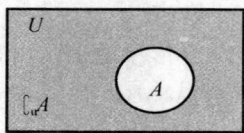

图 $1-7$

由补集的意义，对任意集合 A，有

$$A \cup \complement_U A = U, \quad A \cap \complement_U A = \varnothing, \quad \complement_U(\complement_U A) = A.$$

例 5 设 $U=N, A=\{x \mid x>5, x \in N\}$，求 $\complement A$.

解 $\complement A = \{x \mid x \leqslant 5, x \in \mathbf{N}\}$.

例 6 设 $U=\mathbf{R}, A=\{x \mid x \leqslant 1\}$，求 $\complement A$.

解 观察图 $1-8$，得

$$\complement A = \{x \mid x > 1\}.$$

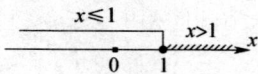

图 $1-8$

课堂练习 1.4.3

1 设 $U=\{1, 2, 3, 4, 6, 7\}$，$A=\{2, 4, 6\}$，$B=\{1, 3, 6, 7\}$，求 $\complement A$ 与 $\complement B$.

1 设 $U=R$，求下列集合在 U 中的补集：

(1) $A=\{x \mid x<-1\}$； (2) $B=\{x \mid -2<x \leqslant 1\}$.

习题 1.4

1 设 $U=\{1, 2, 3, 4, 5, 6\}$，$A=\{1, 2, 4\}$，$B=\{1, 3, 5\}$，求

(1) $A \cap B, A \cup B$；

(2) $\complement A, \complement B$；

(3) $\complement(A \cup B), \complement(A \cap B)$.

2 设 $A=\{x|x+2=0\}$，$B=\{x||x|=1\}$，求 $A\cap B$ 与 $A\cup B$.

3 设 $U=\mathbf{R}$，$A=\{x|x<4\}$，$B=\{x|x>-2\}$，将集合 A、B 在同一数轴上表示出来，并求 $A\cap B$，$A\cup B$，$A\cap(\complement B)$.

1.5　充分必要条件

实例　由条件 "$a>1$" 可以推出 "a 是正数" 的结论；

由条件 "a 是正数" 不能推出 "$a>1$" 的结论，因为 a 也可能是不超过 1 的正数，如 0.7，0.92 等.

一般地，设 p 表示条件，q 表示结论，则如果由条件 p 推出结论 q，就称条件 p 是结论 q 的充分条件，记作 $p\Rightarrow q$；如果由结论 q 推出条件 p，就称条件 p 是结论 q 的必要条件，记作 $q\Rightarrow p$.

例1　指出下列条件 p 是结论 q 的什么条件.

(1) p：$a=1$，q：$a^2=1$；

(2) p：$x<1$，q：$x<0$.

解　(1) 因为一个数是 1，这个数的平方也一定是 1，即 $p\Rightarrow q$，所以条件 p 是结论 q 的充分条件；由于一个数的平方等于 1，这个数不一定等于 1（还可以是 -1），即结论 q 不能推出条件 p，因此条件 p 不是结论 q 的必要条件.

(2) 因为小于 1 的数不一定都小于 0，如 0.1，即条件 p 不能推出结论 q，因此条件 p 不是结论 q 的充分条件；但小于 0 的数一定小于 1，即 $q\Rightarrow p$，因此条件 p 是结论 q 的必要条件.

例2　设 p：四边形的一组对边平行且相等，q：平行四边形. 指出条件 p 是结论 q 的什么条件.

解　根据平行四边形的判定定理，$p\Rightarrow q$，因此条件 p 是结论 q 的充分条件；根据平行四边形的性质，$q\Rightarrow p$，因此条件 p 是结论 q 的必要条件.

在例 2 中，条件 p 既是结论 q 的充分条件，又是必要条件，即 $p\Rightarrow q$，并且 $q\Rightarrow p$，这时，把条件 p 叫做结论 q 的充分必要条件，简称为充要条件，记作 $p\Leftrightarrow q$.

课堂练习1.5

指出下列条件 p 是结论 q 的什么条件.

(1) p：$a=0$，q：$ab=0$；

(2) p：$a<0$，q：$a<2$；

(3) p：$\triangle ABC$ 与 $\triangle A_1B_1C_1$ 的三条对应边分别相等，q：$\triangle ABC$ 与 $\triangle A_1B_1C_1$ 全等.

习题1.5

1 用符号 "$\Rightarrow$、$\Leftarrow$ 或 $\Leftrightarrow$" 连接.

(1) "$a-b=0$" ____ "$a=b$"；

(2) "$|x|=1$" ____ "$x=1$";

(3) "$a<4$" ____ "$a<5$".

2 指出下列各组条件 p 是结论 q 的什么条件.

(1) p：一元二次方程的 $\Delta=0$，q：一元二次方程有两个相等的实数根；

(2) p：$a<-1$，q：$a<-2$；

(3) p：三角形的一个内角是 $90°$，q：三角形是直角三角形.

知识延拓　有限集的元素个数

只含有有限多个元素的集合叫有限集，含有无限多个元素的集合叫无限集.

对于有限集 A，它含有的元素个数记为 $|A|$，它可以看做是表示集合 A 的图形的"面积"，根据图 $1-9$ 容易得出：

$$|A\cup B|=|A|+|B|-|A\cap B|.$$

例 1　某服装店既卖儿童服装也卖成人服装，某天，有 100 位顾客买了成人服装，70 位顾客买了儿童服装，其中 25 位顾客既买了成人服装又买了儿童服装。试问：这一天来这个服装店买服装的顾客共有几位?

解　分别用 A、B 表示由买儿童服装和成人服装的顾客组成的集合，则 $A\cap B$ 表示由既买了成人服装又买了儿童服装的顾客组成的集合，因此

$$|A\cup B|=100+70-25=145$$

即这一天来这个服装店买服装的顾客共有 145 位.

思考：$|A\cup B\cup C|=$?

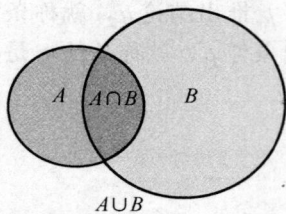

图 $1-9$

本章小结

本章主要学习了集合与元素的基本知识、集合之间的关系、集合的运算及充分必要条件.

一、集合与元素

集合是由某些确定对象组成的整体，组成集合的每个对象叫做集合的元素.

集合与元素之间的关系用符号"$\in$"或"$\notin$"来描述.

由数组成的集合叫做数集. 常用的数集如下：

自然数集，用 $\mathbf{N}$ 表示；

整数集，用 $\mathbf{Z}$ 表示；

正整数集，用 $\mathbf{N}^*$ 表示；

有理数集，用 $\mathbf{Q}$ 表示；

实数集，用 $\mathbf{R}$ 表示.

空集是不含有任何元素的集合，用∅表示.

二、集合的表示法

表示集合的方法有列举法和描述法两种.

（1）列举法：把集合的元素一一列举在大括号内，两个元素之间用逗号分隔. 用列举法表示集合时，元素不能重复，不考虑顺序.

（2）描述法：把集合中元素的共同特征描述在大括号内. 一般格式是：

$$\{x \mid x \text{ 的特征}\}.$$

三、集合之间的关系

集合之间的关系有包含和真包含关系及相等关系.

（1）子集：设 A、B 是两个集合，若集合 B 中的每一个元素都是集合 A 的元素，那么 B 叫做 A 的一个子集. 记作：

$B \subseteq A$ 或 $A \supseteq B$，读做 "B 包含于 A" 或 "A 包含 B".

特别地，任意一个集合是它自身的子集，即 $A \subseteq A$.

规定：空集是任何集合的子集. 即∅$\in A$.

（2）真子集：若 B 是集合 A 的子集，并且 A 中至少有一个元素不属于 B，那么 B 叫做 A 的真子集，记作：$B \subset A$ 或 $\supset B$，读做 "B 真包含于 A" 或 "A 真包含 B".

规定：空集是任何非空集合的真子集.

（3）集合的相等：如果集合 A 与集合 B 的元素完全相同，就称这两个集合相等，记作：$A = B$.

四、集合的运算

（1）交集：由既属于 A 又属于 B 的所有元素（A 与 B 的公共元素）组成的集合，称为集合 A 与 B 的交集. 记作：$A \cap B$，读做 "A 交 B".

根据交集的意义，对任意集合 A、B，有

$$A \cap A = A, \quad \varnothing \cap A = \varnothing.$$

（2）并集：由属于 A 或者属于 B 的所有元素（A 与 B 的所有元素并在一起，重复元素只写一次）组成的集合称为集合 A 与 B 的并集. 记作：$A \cup B$，读做 "A 并 B".

根据并集的意义，对任意集合 A，B，有

$$A \cup A = A, \quad \varnothing \cup A = A.$$

（3）补集：如果集合 A 是全集 U 的一个子集，那么由 U 中所有不属于 A 的元素组成的集合叫做 A 在 U 中的补集，记作$\complement_U A$，或简记为$\complement A$. 即

$$\complement_U A = \{x \mid x \in U, \text{ 且 } x \notin A\}.$$

由补集的意义，对任意集合 A，有

$$A \cup \complement_U A = U, \quad A \cap \complement_U A = \varnothing, \quad \complement_U(\complement_U A) = A.$$

五、充分必要条件

设 p 表示条件，q 表示结论，则

如果 $p \Rightarrow q$，就称 p 是 q 的充分条件；

如果 $q \Rightarrow p$，就称 p 是 q 的必要条件；

如果 $p \Leftrightarrow q$，就称 p 是 q 的充分必要条件，简称为充要条件.

综合练习 1

一、单项选择题

1 下列所说事物不能组成集合的是（　　）.

　A. 方程 $x^2 + 1 = 0$ 的所有实数解　　　B. 某城市的优秀企业家

　C. 小于 0 的无理数

2 下列各式中正确的是（　　）.

　A. $a \subseteq \{a\}$　　　　　B. $a = \{a\}$　　　　　C. $a \in \{a\}$

3 设 $U = R$，$A = \{x \mid x \geqslant 2 \text{ 或 } x < -1\}$，则 $\complement A = （　　）$.

　A. $\{x \mid x < 2\}$　　　B. $\{x \mid x \geqslant -1\}$　　　C. $\{x \mid -1 \leqslant x < 2\}$

4 设 p：等腰三角形，q：三角形的两条边相等，则条件 p 是结论 q 的（　　）.

　A. 充要条件　　　B. 充分条件　　　C. 必要条件

二、填空题

1 用适当的符号"$\subseteq$、$\supseteq$、$\in$、$\notin$、$=$"填空：

　(1) $\{a, b\}$ ____ $\{b, a\}$，(2) 0 ____ $\varnothing$；

　(3) $\{-2\}$ ____ $\{x \mid |x| = 2\}$；(4) Z ____ N.

2 用适当的集合填空：

　(1) $\{1, 3, 5\} \bigcap \{2, 4, 6\} = $ _____，$\{1, 3, 5\} \bigcup \{2, 4, 6\} = $ _____；

　(2) $Z \bigcap \{-2, -0.1, 0, 3.5\} = $ _____；

　(3) $\{x \mid x > 1\} \bigcup \{x \mid -1 \leqslant x < 3\} = $ _____；

　(4) $\{x \mid x^2 + 1 = 0\} \bigcap N = $ _____.

三、用适当的方法表示下列集合

1 大于 1 的整数；

2 方程 $5x^2 + 4x - 3 = 0$ 的解集；

3 小于 5 的正数；

4 图 1-10 中阴影部分的所有点（包括边界）.

四、计算题

1 设 $U = \{x \mid -3 \leqslant x \leqslant 3, \ x \in Z\}$，$A = \{-3, -1, 0, 2, 3\}$，$B = \{-2, -1, 0, 3\}$，求 $A \bigcap B$，$A \bigcup B$，$\complement A$，$\complement B$.

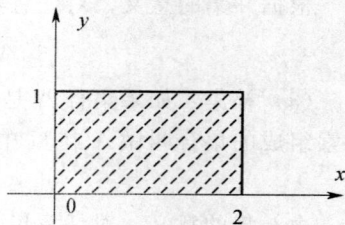

图 1-10

2 设 $A=\{x\mid -4<x<4\}$，$B=\{x\mid x\leqslant 0\}$，求 $A\cap B$ 与 $A\cup B$，并把它们在数轴上表示出来.

● **阅读与欣赏**

集合论的创始人——康托尔

有人说，自然数集 **N** 与正整数集 $\mathbf{N}^*$ 的元素个数相等，你会信吗？

德国数学家康托尔通过研究这类问题创立了集合论. 他指出，如果两个无限集的元素之间能够建立一种一一对应关系，那么这两个集合的元素个数是相等的.

根据这一观点，令 $k=n+1$，$n\in\mathbf{N}$. 当 n 在 **N** 中分别取 $0,1,2,\cdots$时，在 $\mathbf{N}^*$ 中分别有 $1,2,3,\cdots$与之对应. 因此这两个集合的元素个数相等.

康托尔（1845—1918 年）

第2章 不 等 式

世界上有许多等量关系，也有大量的不等量关系．例如，长江三峡水电站的发电机正常运转的水库水位是 $145 \leqslant X \leqslant 175$（单位：m），成人正常体温是 $36℃ \leqslant C \leqslant 37℃$，一元二次方程有实数根的条件是 $\Delta \geqslant 0$ 等．因此，我们不仅要研究等量关系，也必须研究不等量关系．本章主要介绍不等式的基本性质、区间的概念及不等式（一元二次不等式、绝对值不等式）的解法．

2.1 不等式的基本性质

2.1.1 实数大小的比较

实例1 比较两个人的身高，假设小李身高是 h_1，小张身高是 h_2．如果 $h_1 - h_2 > 0$，他们谁较高些？如果 $h_1 - h_2 < 0$，他们谁高些？如果 $h_1 - h_2 = 0$ 呢？

显然，当 $h_1 - h_2 > 0$ 时，小李比小张高，即 $h_1 > h_2$；反之，如果 $h_1 > h_2$，即小李比小张高，则必然 $h_1 - h_2 > 0$．

当 $h_1 - h_2 < 0$ 时，小李比小张矮，即 $h_1 < h_2$；反之，如果 $h_1 < h_2$，即小李比小张矮，则必然 $h_1 - h_2 < 0$；

当 $h_1 - h_2 = 0$ 时，它们两人身高相同，即 $h_1 = h_2$；反之，如果 $h_1 = h_2$，即小李与小张身高相同，则必然 $h_1 - h_2 = 0$．

一般地，我们有如下比较两个实数大小的方法：

对任意实数 a、b，有

$$a - b > 0 \Leftrightarrow a > b$$
$$a - b < 0 \Leftrightarrow a < b$$
$$a - b = 0 \Leftrightarrow a = b$$

比较两个实数的大小，即要比较 a 与 b 的大小，只要看 $a - b$ 的正负即可．

例1 比较 $-\dfrac{4}{5}$ 与 $-\dfrac{2}{3}$ 的大小．

解 因为

$$-\frac{4}{5}-\left(-\frac{2}{3}\right)=-\frac{12}{15}+\frac{10}{15}=-\frac{2}{15}<0,$$

从而

$$-\frac{4}{5}<-\frac{2}{3}.$$

例2 如果 $a>b$，且 $c>d$，比较 $a+c$ 与 $b+d$ 的大小.

解   由 $a>b\Rightarrow a-b>0$，

                       由 $c>d\Rightarrow c-d>0$.

因为 $(a+c)-(b+d)=(a-b)+(c-d)>0.$

所以 $a+c>b+d.$

例2表明，两个同向不等式（像 $a>b,c>d$ 或 $a<b,c<d$ 的不等式）可以相加（不等式两边分别相加），不等号方向不变.

实例2 比较三个人的身高，如果第一人比第二人高，第二人又比第三人高，那么第一人一定比第三人高.

一般地，对任意实数 a，b，c，如果 $a>b$，且 $b>c$，那么 $a>c$. 这个性质叫做不等式的传递性.

课堂练习 2.1.1

1 比较下列各对实数的大小：

(1) $\frac{5}{6}$ 与 $\frac{4}{5}$；   (2) $\frac{5}{11}$ 与 $\frac{6}{13}$；   (3) $-\frac{1}{3}$ 与 $-\frac{2}{5}$

2 比较 a^2+4 与 $4a(a\neq 2)$ 的大小.

2.1.2 不等式的加法性质

实例 在生活实际中，我们知道对两个重量不等的物体增加或减少同样的重量，原来重的物体仍然较重.

基于这样的事实，我们得出：

如果 $a>b$，对于任意实数 c，都有

$$a+c>b+c.$$

这个性质表明，不等式两边同加上（或减去）任何一个数，不等号的方向不变. 这个性质通常称为不等式的加法性质.

例3 如果 $a+b>c$，则 $a>c-b$.

证明 不等式 $a+b>c$ 两边同加 $-b$，得

$$a>c-b.$$

例3表明，利用这一性质可以对不等式进行移项. 即将不等号一边的项改变符号后移到不等号另一边.

例4 已知 $x+5<1$，求 x 的范围.

解 移项，$x<1-5$，即 $x<-4$.

课堂练习 2.1.2

1 选用适当符号（＞、＜）填空：

(1) 如果 $a>b$，则 $a+2$ ____ $b+2$，$a-2$ ____ $b-2$；

(2) 如果 $a<b$，则 $a+2$ ____ $b+2$，$a-2$ ____ $b-2$.

2 求下列各式中 x 的取值范围：

(1) $x-3>7$；

(2) $x+1\leqslant3$.

2.1.3 不等式的乘法性质

问题 不等式两边同乘一个正数或负数对原不等式会产生什么影响？

对 $8>6$，两边分别同乘正数 2 与 $\frac{1}{2}$，有

$$8\times2>6\times2,$$
$$8\times\frac{1}{2}>6\times\frac{1}{2}.$$

可以看出：不等式两边同乘一个正数，原不等号方向不变，即原来较大的仍然较大.

对 $8>6$，两边分别同乘负数 -2 与 $-\frac{1}{2}$，有

$$8\times(-2)<6\times(-2),$$
$$8\times\left(-\frac{1}{2}\right)<6\times\left(-\frac{1}{2}\right).$$

可以看出：不等式两边同乘一个负数，原不等号方向改变，即原来较大的反而变小.

从大量事实中我们总结出：

如果 $a>b$，且 $c>0$，则 $ac>bc$；

如果 $a>b$，且 $c<0$，则 $ac<bc$.

这个性质表明，不等式两边同乘以（或除以）一个正数，不等号方向不变；不等式两边同乘以（或除以）一个负数，不等号的方向改变. 这个性质通常称为不等式的乘法性质.

例5 已知 $x-1<2+3x$，求 x 的取值范围.

解 移项、合并，得

$$-2x<3,$$

两边同除以 -2，得

$$x>-\frac{3}{2}.$$

例6 如果 $a>b>0$，且 $c>d>0$，则 $ac>bd$.

证明　$a>b$，且 $c>0 \Rightarrow ac>bc$，

　　　$c>d$，且 $b>0 \Rightarrow bc>bd$，

由不等式的传递性　$ac>bd$.

　　例 6 表明，两个同向全正不等式（像 $a>b>0$ 与 $c>d>0$）可以相乘（不等式两边分别相乘），不等号方向不变.

　　由例 6 的结论，容易推得：如果 $a>b>0$，则 $a^n>b^n$，$n \in \mathbf{N}^*$.

　　例 7　如果 $a>b>0$，则 $\sqrt{a}>\sqrt{b}$.

　　证明（采用反证法）

　　假如 $\sqrt{a} \leqslant \sqrt{b}$，由于 $\sqrt{a}>0$，$\sqrt{b}>0$，因此 $(\sqrt{a})^2 \leqslant (\sqrt{b})^2$，即 $a \leqslant b$. 这与已知相矛盾，从而 $\sqrt{a}>\sqrt{b}$.

　　一般地，如果 $a>b>0$，则 $\sqrt[n]{a}>\sqrt[n]{b}$.（$n \in \mathbf{N}^*$ 且 $n \geqslant 2$）

课堂练习 2.1.3

1 用符号（>或<）填空：

　　（1）如果 $a>b$，则 $3a$ ____ $3b$，$-3a$ ____ $-3b$；

　　（2）如果 $a>b>0$，则 a^2 ____ b^2，$\sqrt[3]{a}$ ____ $\sqrt[3]{b}$.

2 选择正确答案：

　　如果 $a>b>0$，且 $c<d<0$，则（　　）.

　　A. $ac>bd$　　　B. $ac<bd$　　　C. $ad<bc$　　　D. $ad>bc$

3 求下列各式中 x 的取值范围：

　　（1）$2x>5$；（2）$-2x+1<5$.

习题 2.1

1 选用适当的不等号（>、<、$\geqslant$、$\leqslant$）填空：

　　（1）$\dfrac{7\pi}{6}$ ____ $\dfrac{4\pi}{3}$；

　　（2）设 $a>b$，则

　　　　$a-1$ ____ $b-1$，$-a$ ____ $-b$；

　　　　$\dfrac{3}{2}a$ ____ $\dfrac{3}{2}b$，$\sqrt{3}-a$ ____ $\sqrt{3}-b$.

　　（3）设 $ax+b>c$，且 $a>0$，则 x ____ $\dfrac{c-b}{a}$；

　　（4）设 $ax+b>c$，且 $a<0$，则 x ____ $\dfrac{c-b}{a}$.

　　*（5）如果 $a>b>0$，则 $(2a+1)^2$ ____ $(2b+1)^2$.

2 求下列各式中 x 的取值范围：

　　（1）$x-9>11$；　　（2）$2x+\leqslant 9$；　　（3）$-3x-1 \geqslant -10$.

2.2 区　间

2.2.1　有限区间

观察　集合 $\{x\mid-1<x<3\}$ 在数轴上表示位于 -1 与 3 之间的一段不包含端点的线段（如图 2－1 所示）.

为了简单、方便地表示集合 $\{x\mid-1<x<3\}$，把集合 $\{x\mid-1<x<3\}$ 简记为 $(-1,3)$，记号 $(-1,3)$ 叫做区间. 其中 -1 叫做区间的左端点，3 叫做区间的右端点.

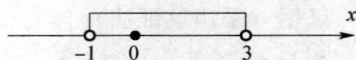

图 2－1

一般地，把介于两个实数之间（包含或不包含该实数）的全体实数组成的集合叫做有限区间，这两个实数叫做区间的端点.

把不包含端点的区间叫做开区间，开区间记作 (a,b). 即

$$(a,b)=\{x\mid a<x<b\}.$$

把包含两个端点的区间叫做闭区间，闭区间记作 $[a,b]$. 即

$$[a,b]=\{x\mid a\leqslant x\leqslant b\}.$$

把只包含右端点（或左端点）的区间叫做半开（闭）区间，半开（闭）区间分别记作 $(a,b]$，$[a,b)$. 即

$$(a,b]=\{x\mid a<x\leqslant b\},$$
$$[a,b)=\{x\mid a\leqslant x<b\}.$$

有限区间与对应的集合如表 2－1 所示：

表 2－1

集合	$\{x\mid a<x<b\}$	$\{x\mid a\leqslant x\leqslant b\}$	$\{x\mid a<x\leqslant b\}$	$\{x\mid a\leqslant x<b\}$
数轴上的表示				
区间	$(a,\ b)$	$[a,\ b]$	$(a,\ b]$	$[a,\ b)$

其中 a、b 为任意实数，且 $a<b$.

课堂练习 2.2.1

将下列集合在数轴上表示出来，再用适当的区间表示：

(1) $\{x\mid-1<x<2\}$；　　　(2) $\{x\mid0\leqslant x<1\}$；

(3) $\{x\mid c<x\leqslant d\}$；　　　(4) $\{x\mid2\leqslant x\leqslant5\}$.

2.2.2　无限区间

观察　集合 $\{x\mid x>-1\}$ 在数轴上表示位于 -1 右边的一段不包含端点的射

线（如图 2 - 2（1）所示）；集合 $\{x|x<2\}$ 在数轴上表示位于 2 左边的一段不包含端点的射线（如图 2 - 2（2）所示）.

（1）　　　　　　　　　　　　（2）

图 2 - 2

集合 $\{x|x>-1\}$ 表示的区间的左端点是 -1，右端点不存在，这时我们认为右端点在 x 轴正方向的无限远处，将右端点记作"$+\infty$"，读作"正无穷大"，这样集合 $\{x|x>-1\}$ 表示的区间就可以记作 $(-1,+\infty)$.

集合 $\{x|x<2\}$ 表示的区间的右端点是 2，区间的左端点不存在，这时我们认为左端点在 x 轴负方向的无限远处，将左端点记作"$-\infty$"，读作"负无穷大". 这样集合 $\{x|x<2\}$ 表示的区间就可以记作 $(-\infty,2)$.

一般地，把大于（或大于等于）或小于（或小于等于）某实数的全体实数组成的集合叫做无限区间.

集合 $\{x|x>a\}$ 与 $\{x|x\geqslant a\}$ 表示的区间分别记为 $(a,+\infty)$，$[a,+\infty)$. 即
$$(a,+\infty)=\{x|x>a\},$$
$$[a,+\infty)=\{x|x\geqslant a\}.$$

集合 $\{x|x\leqslant b\}$ 与 $\{x|x<b\}$ 表示的区间分别记作 $(-\infty,b]$，$(-\infty,b)$. 即
$$(-\infty,b]=\{x|x\leqslant b\},$$
$$(-\infty,b)=\{x|x<b\}.$$

实数集 **R** 用区间 $(-\infty,+\infty)$ 表示.

无限区间与对应的集合如表 2 - 2 所示.

表 2 - 2

集合	$\{x|x>a\}$	$\{x|x\geqslant a\}$	$\{x|x<b\}$	$\{x|x\leqslant b\}$	**R**
数轴上的表示					
区间	$(a,+\infty)$	$[a,+\infty)$	$(-\infty,b)$	$(-\infty,b]$	$(-\infty,+\infty)$

其中，a、b 为任意实数.

可以看到，用区间表示集合，既简单又方便. 本教材中，凡是可以用区间表示的集合一般都用区间表示.

课堂练习 2.2.2

1 把下列集合用适当的区间表示出来，并把区间表示在数轴上.

$$\{x\,|\,x\leqslant -1\},\qquad \{x\,|\,x>2\},\qquad \{x\,|\,-1\leqslant x<3\}.$$

习题 2.2

1 填空：

(1) 集合 $\{x\,|\,x>-2\}$ 表示的区间为_____，集合 $\{x\,|\,0\leqslant x\leqslant 3\}$ 表示的区间为_____；

(2) 区间 $(-\infty,5)$ 所表示的集合是_____，区间 $(-3,1]$ 所表示的集合是_____.

2 用适当的符号（$\in$、$\notin$）填空：

3____$[-2,3)$，1____$(-\infty,1)$，0____$[0,+\infty)$.

3 设 $A=(-\infty,2)$，$B=[-1,4)$，求 $A\cap B$ 与 $A\cup B$.

2.3　不等式的解法

使一个不等式成立的未知数 x 的每一个值叫做这个不等式的一个解. 一个不等式的所有解组成的集合叫做这个不等式的解集，不等式的解集通常用区间表示. 求一个不等式的解集叫做解不等式. 本节主要讨论一元二次不等式和绝对值不等式的解法.

回顾　一元一次不等式与一元一次不等式组

像 $2x-3<0$，$3(-x+1)\geqslant x$ 这样的不等式叫做一元一次不等式. 解一元一次不等式只需去括号、移项、合并、不等式两边同除以未知数的系数即可.

像 $\begin{cases}x>0\\x-5\leqslant 0\end{cases}$，$\begin{cases}x+3<0\\3x-5<0\end{cases}$ 这样的不等式叫做一元一次不等式组. 解一元一次不等式组时，分别解两个一元一次不等式，这两个一元一次不等式的解集的交集即为一元一次不等式组的解集.

例 1　解下列不等式或不等式组：

(1) $2x-3<0$；　　(2) $\begin{cases}x+2>0\\3x-1\leqslant 0\end{cases}$.

解　(1) 移项，得

$$2x<3,$$

不等式两边同除以未知数的系数 2，得

$$x<\frac{3}{2},$$

即不等式的解集是 $\left(-\infty,\dfrac{3}{2}\right)$.

(2) $\begin{cases}x+2>0\\3x-1\leqslant 0\end{cases}$ $\Leftrightarrow$ $\begin{cases}x>-2\\x\leqslant \dfrac{1}{3}\end{cases}$ $\Leftrightarrow$ $-2<x\leqslant \dfrac{1}{3}$.

所以不等式组的解集为 $\left(-2,\dfrac{1}{3}\right]$. 不等式组的解集在数轴上表示如图 2-3 所示.

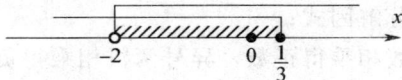

图 2-3

2.3.1 解一元二次不等式的因式分解法

像 $x^2+2x-1>0$，$2x^2-x+4\leqslant0$ 这样的不等式称为一元二次不等式. 一元二次不等式的一般形式是：

$$ax^2+bx+c>0(或\geqslant) 或 ax^2+bx+c<0(或\leqslant).$$

其中 $a>0$，当 $a<0$ 时，不等式两边同乘 -1 转化为 $a>0$ 的情形.

解一元二次不等式的因式分解法是将一元二次不等式（一般形式）左边分解因式，根据"同号两数相乘得正数，异号两数相乘得负数"转化为两个一元一次不等式组，这两个一元一次不等式组的解集的并集即为一元二次不等式的解集.

例 2 解不等式 $x^2-4x+3\geqslant0$.

解 将不等式左边分解因式，得

$$(x-1)(x-3)\geqslant0,$$

根据同号两数相乘得正数，得

$$\begin{cases} x-1\geqslant0 \\ x-3\geqslant0 \end{cases} 或 \begin{cases} x-1\leqslant0 \\ x-3\leqslant0 \end{cases}$$

$$\Leftrightarrow \begin{cases} x\geqslant1 \\ x\geqslant3 \end{cases} 或 \begin{cases} x\leqslant1 \\ x\leqslant3 \end{cases}$$

$$\Leftrightarrow x\geqslant3 \ 或 x\leqslant1.$$

因此，原不等式的解集是 $(-\infty,1]\cup[3,+\infty)$.

例 3 解不等式 $x^2+3x\leqslant10$.

解 不等式化为 $x^2+3x-10\leqslant0$，

分解因式 $(x-2)(x+5)\leqslant0$，

根据异号两数相乘得负数，得

$$\begin{cases} x-2\geqslant0 \\ x+5\leqslant0 \end{cases} 或 \begin{cases} x-2\leqslant0 \\ x+5\geqslant0 \end{cases}$$

$$\Leftrightarrow \begin{cases} x\geqslant2 \\ x\leqslant-5 \end{cases} 或 \begin{cases} x\leqslant2 \\ x\geqslant-5 \end{cases}$$

$$\Leftrightarrow -5\leqslant x\leqslant2.$$

因此，不等式 $x^2+3x\leqslant10$ 的解集是 $[-5,2]$.

从例 2 和例 3 可以看出，因式分解法解一元二次不等式的一般步骤是：

（1）将不等式化为一般形式；

（2）将不等式左边分解因式；

（3）根据"同号两数相乘得正数，异号两数相乘得负数"转化为两个一元一次不等式组；

（4）分别解两个一元一次不等式组；

（5）这两个一元一次不等式组的解集的并集，即为原一元二次不等式的解集.

另一方面，例 2 中解集的区间端点 1 和 3 恰好是不等式对应的方程 $x^2-4x+3=0$ 的根，例 3 同样.

一般地，若方程 $ax^2+bx+c=0(a>0)$ 的根的判别式 $\Delta>0$，则方程 $ax^2+bx+c=0$ 有两个不相等的实数根 x_1，$x_2(x_1<x_2)$，则

$ax^2+bx+c>0$ 的解集是 $(-\infty,x_1)\bigcup(x_2,+\infty)$；

$ax^2+bx+c<0$ 的解集是 (x_1,x_2).

例 4 解不等式 $x^2+3x+1>0$.

解 $\Delta=3^2-4\times1\times1=5>0$，所以方程 $x^2+3x+1=0$ 有两个不相等的实数根. 由一元二次方程的求根公式得：

$$x_1=\frac{-3-\sqrt{5}}{2}, \quad x_2=\frac{-3+\sqrt{5}}{2}.$$

因此，不等式 $x^2+3x+1>0$ 的解集为 $\left(-\infty,\dfrac{-3-\sqrt{5}}{2}\right)\bigcup\left(\dfrac{-3+\sqrt{5}}{2},+\infty\right)$.

对于方程 $ax^2+bx+c=0$ 的根的判别式 $\Delta=0$ 或 $\Delta<0$ 时，一元二次不等式的解集如表 2-3 所示.

表 2-3

	$\Delta=0$	$\Delta<0$
$ax^2+bx+c=0$ 的根	$x_1=x_2=x_0$	无实数根
$ax^2+bx+c>0$ 的解集	$(-\infty,x_0)\bigcup(x_0,+\infty)$	**R**
$ax^2+bx+c\geqslant0$ 的解集	**R**	**R**
$ax^2+bx+c<0$ 的解集	$\varnothing$	$\varnothing$
$ax^2+bx+c\leqslant0$ 的解集	$\{x_0\}$	$\varnothing$
注：$a>0$		

课堂练习 2.3.1

解 下列一元二次不等式：

(1) $x^2 \geqslant 4$；

(2) $x^2 + 5x + 6 < 0$；

(3) $2x^2 - 7x + 3 \geqslant 0$.

2.3.2 含有绝对值的不等式

回顾　绝对值符号的意义：

$$|a| = \begin{cases} a, a > 0 \\ 0, a = 0 \\ -a, a < 0 \end{cases}.$$

在数轴上，$|a|$ 表示数 a 所在的点到原点的距离.

绝对值符号内含有未知数的不等式叫做绝对值不等式，如 $|x| \leqslant 5$，$|x-3| > 1$，$|2x+1| < 3$ 等.

观察　将 $|x| < 3$ 与 $|x| > 3$ 在数轴上表示出来，观察 x 的范围.

根据绝对值符号的意义，$|x| < 3$ 表示数轴上介于 -3 与 3 间的不包含端点的线段，如图 2-4（1）所示；$|x| > 3$ 表示数轴上小于 -3 或大于 3 的不包含端点的射线，如图 2-4（2）所示.

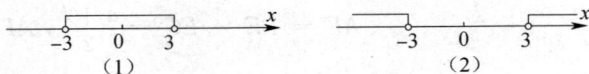

图 2-4

一般地，对于任何正实数 a，有

$$|x| < a \Leftrightarrow -a < x < a \text{（或} \leqslant \text{）},$$

$$|x| > a \Leftrightarrow x < -a \text{ 或 } x > a \text{（或} \geqslant \text{）}.$$

上述两个不等式称为基本绝对值不等式，是我们解绝对值不等式的根据.

例 5　解不等式 $|x-1| \leqslant 6$.

解　　　　　　　$|x-1| \leqslant 6$

$$\Leftrightarrow -6 \leqslant x - 1 \leqslant 6$$

$$\Leftrightarrow -5 \leqslant x \leqslant 7.$$

因此，原不等式的解集是 $[-5, 7]$.

例 6　$|2x+5| > 4$.

解　　　　　　　$|2x+5| > 4$

$$\Leftrightarrow 2x + 5 < -4 \text{ 或 } 2x + 5 > 4$$

$$\Leftrightarrow 2x < -9 \text{ 或 } 2x > -1$$

$$\Leftrightarrow x < -\frac{9}{2} \text{ 或 } x > -\frac{1}{2}$$

因此，原不等式的解集是 $\left(-\infty, -\frac{9}{2}\right) \cup \left(-\frac{1}{2}, +\infty\right)$.

课堂练习 2.3.2

解下列不等式,并把解集在数轴上表示出来:

(1) $|x+2|>3$;   (2) $|2x-1|\leqslant5$;   (3) $|3-4x|<1$.

习题 2.3

解下列不等式:

(1) $x^2-x-2\leqslant0$;   (2) $2x^2-x-3>0$;   (3) $(x+1)^2\leqslant5x$;

(4) $|5x|<2$;   (5) $|1-2x|\geqslant3$;   (6) $|3x-2|<1$.

知识延拓　均值不等式

对于两个正实数 a、b,称 $\dfrac{a+b}{2}$ 为 a 与 b 的算术平均数;称 $\sqrt{ab}$ 为 a、b 的几何平均数. 那么 $\dfrac{a+b}{2}$ 与 $\sqrt{ab}$ 的大小如何?

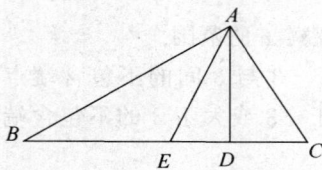

如图 2-5 所示,在直角三角形 ABC 中,AD 是斜边 BC 边上的高,E 是 BC 边上的中点,设 $BD=a$,$DC=b$,则

$$AE=BE=EC=\frac{a+b}{2},AD=\sqrt{ab}.$$

图 2-5

在直角三角形 ADE 中,$AE>AD$,所以 $\dfrac{a+b}{2}>\sqrt{ab}$,特别地,当三角形 ABC 为等腰直角三角形时,AE 与 AD 重合,这时 $\dfrac{a+b}{2}=\sqrt{ab}$.

一般地,对于两个正实数 a、b,有 $\dfrac{a+b}{2}\geqslant\sqrt{ab}$,当且仅当 $a=b$ 时等号成立.

这个结论通常称为均值定理. 均值定理表明:两个正数的算术平均数大于或等于它们的几何平均数.

例1　求证:对于任意正实数 a、b、c,有

$$(a+b)(b+c)(c+a)\geqslant8abc.$$

证明:对于任意正实数 a、b、c,有

$$\frac{a+b}{2}\geqslant\sqrt{ab},\frac{b+c}{2}\geqslant\sqrt{bc},\frac{c+a}{2}\geqslant\sqrt{ca}.$$

即

$$a+b\geqslant2\sqrt{ab},b+c\geqslant2\sqrt{bc},c+a\geqslant2\sqrt{ca},$$

所以

$$(a+b)(b+c)(c+a)\geqslant2\sqrt{ab}\times2\sqrt{bc}\times2\sqrt{ca}=8abc.$$

思考题:求证:对于任意正实数 a、b、c,有

$$a+b+c\geqslant\sqrt{ab}+\sqrt{bc}+\sqrt{ca}.$$

本章小结

本章主要介绍了不等式的性质与不等式的解法两大问题.

一、不等式的性质

1. 实数比较大小的方法

$$a - b > 0 \Leftrightarrow a > b;$$
$$a - b < 0 \Leftrightarrow a < b;$$
$$a - b = 0 \Leftrightarrow a = b.$$

2. 不等式的传递性

$$a > b, 且 b > c \Rightarrow a > c.$$

3. 不等式的加法性质

$$a > b, 且 c \in \mathbf{R} \Rightarrow a + c > b + c.$$

4. 不等式的乘法性质

$$a > b, 且 c > 0 \Rightarrow ac > bc;$$
$$a > b, 且 c < 0 \Rightarrow ac < bc.$$

二、区间

区间与其对应的集合如表 2-4 所示:

表 2-4

区间		集合	在数轴上的表示
有限区间	(a, b)	$\{x \mid a < x < b\}$	
	$[a, b]$	$\{x \mid a \leqslant x \leqslant b\}$	
	$[a, b)$	$\{x \mid a \leqslant x < b\}$	
	$(a, b]$	$\{x \mid a < x \leqslant b\}$	
无限区间	$(a, +\infty)$	$\{x \mid x > a\}$	
	$[a, +\infty)$	$\{x \mid x \geqslant a\}$	
	$(-\infty, b)$	$\{x \mid x < b\}$	
	$(-\infty, b]$	$\{x \mid x \leqslant b\}$	

特别地,$\mathbf{R} = (-\infty, +\infty)$.

三、不等式的解法

1. 解一元二次不等式的因式分解法

一元二次不等式的一般形式是:

$$ax^2+bx+c>0(或\geqslant) \text{ 或 } ax^2+bx+c<0(或\leqslant).$$

其中 $a>0$，当 $a<0$ 时，不等式两边同乘 -1 转化为 $a>0$ 的情形．

解一元二次不等式的因式分解法是将一元二次不等式（一般形式）左边分解因式，根据"同号两数相乘得正数，异号两数相乘得负数"转化为两个一元一次不等式组，这两个一元一次不等式组的解集的并集即为一元二次不等式的解集．

一元二次不等式的公式解法如表 2 - 5 所示：

表 2 - 5

$\Delta=b^2-4ac$	$\Delta>0$	$\Delta=0$	$\Delta<0$
$ax^2+bx+c=0$ 的根	x_1，$x_2(x_1<x_2)$	$x_1=x_2=x_0$	无实数根
$ax^2+bx+c>0$ 的解集	$(-\infty,x_1)\bigcup(x_2,+\infty)$	$(-\infty,x_0)\bigcup(x_0,+\infty)$	$\mathbf{R}$
$ax^2+bx+c<0$ 的解集	(x_1,x_2)	$\varnothing$	$\varnothing$

2. 绝对值不等式

对于任意正实数 a，有

$$|x|<a \Leftrightarrow -a<x<a,$$
$$|x|>a \Leftrightarrow x<-a \text{ 或 } x>a.$$

它们是解绝对值不等式的根据．

综合练习 2

一、单项选择题：

1 若 $a>b$，则下式中正确的是（　　）．

　　A. $ac>bc$　　　　　　B. $ac<bc$　　　　　　C. $a+c>b+c$

2 集合 $\{x\mid-1<x\leqslant4\}$ 对应的区间是（　　）．

　　A. $[-1,4]$　　　　　B. $(-1,4)$　　　　　C. $(-1,4]$

3 $|x|\geqslant1\Leftrightarrow$（　　）．

　　A. $x\geqslant1$　　　　　　B. $x\leqslant-1$ 或 $x\geqslant1$　　C. $-1\leqslant x\leqslant1$

4 不等式 $x+1\geqslant0$ 的解集是（　　）．

　　A. $[-1,+\infty)$　　　B. $(-\infty,-1]$　　　C. $(-1,+\infty)$

5 不等式 $(2x+1)(x-2)>0\Leftrightarrow$（　　）．

　　A. $\begin{cases}2x+1>0\\x-2>0\end{cases}$　　B. $\begin{cases}2x+1<0\\x-2<0\end{cases}$　　C. $\begin{cases}2x+1>0\\x-2>0\end{cases}$ 或 $\begin{cases}2x+1<0\\x-2<0\end{cases}$

二、填空：

1 用符号（$<$ 或 $>$）填空：

　　（1）如果 $a>b$ 且 $c>d$，则 $a+c$ ＿＿＿ $b+d$，$a-d$ ＿＿＿ $b-c$；

　　（2）如果 $a<b<0$ 且 $c<d<0$，则 ac ＿＿＿ bd，$\dfrac{1}{a}$ ＿＿＿ $\dfrac{1}{b}$；

② 集合 $\{x \mid -3 < x \leqslant 2\}$ 用区间表示为____；

③ 不等式 $|3x| > 1$ 的解集为____.

三、设 $A = (-5, 3]$，$B = [1, 6)$，求 $A \cup B$ 与 $A \cap B$，并表示在数轴上.

四、解不等式：

(1) $x^2 + x < 0$； (2) $3x^2 + x - 4 \geqslant 0$； (3) $|3x+1| \geqslant 4$；

(4) $|-x+2| < 3$； *(5) $\left|\dfrac{1}{x}\right| \geqslant 1$.

➡ 阅读与欣赏

黄金分割

法国巴黎圣母院大教堂是当今世界上最伟大的古建筑之一，圣母院约建造于 1163 年到 1250 年间，它看上去非常美丽、协调.

图 2-6 中所标出的每条线的蓝色部分与白色部分的比值大约都是 0.618，而且白色部分与整条线的比值也大约都是 0.618.

0.618 是一个有趣而神奇的数字，把一条线段分割为两部分，使其中较大部分与全长之比等于较小部分与较大部分之比。其比值是一个无理数，即 $\dfrac{\sqrt{5}-1}{2} \approx 0.618$，由于按此比例设计的造型十分美丽，因此称为黄金分割，分点称为黄金分割点.

如果人体比例符合黄金分割的话，就会显得更美、更好看、更协调.

图 2-6

黄金分割点可用几何方法求出：

已知线段 AB，经过点 B 作 $BC \perp AB$，使 $BC = AB/2$；连接 AC，以点 C 为圆心，CB 为半径画弧，交 AC 于 D；以点 A 为圆心，AD 为半径画弧，交 AB 于 E. 则点 E 即为线段 AB 的黄金分割点，如图 2-7 所示.

黄金分割是一种数学上的比例关系. 黄金分割具有严格的比例性、艺术性、和谐性，蕴藏着丰富的美学价值. 黄金分割在建筑、经济、摄影、工农业生产和科学实验以及日常生活中都有着广泛的应用.

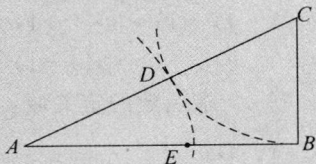

图 2-7

第 3 章 函 数

世界上的一切事物都在不停地运动变化，一个事物的变化往往依赖于另一事物的变化，或引起另一事物的变化. 事物之间的这种依从关系我们用"函数"来描述.

本章主要介绍函数的概念、函数的表示法及性质，并举例说明函数的实际应用.

3.1 函数的概念及表示法

3.1.1 函数的概念

实例 设半径为 r 的圆的面积为 S，则 $S = \pi r^2$（$r \in \mathbf{R}^+$）.

可以看出，圆的面积 S 随着半径 r 的变化而变化. 像 S，r 这样的量叫做变量，始终保持不变的量（如 π）叫做常量（或常数）.

一般地，设某一变化过程中有两个变量 x，y，且 y 随着 x 的变化而变化，那么把 y 叫做 x 的函数. 其中 x 称为自变量，y 称为因变量. y 是 x 的函数，记作 $y = f(x)$.

自变量 x 的取值范围叫做函数的定义域. 对于定义域中任何一个确定的数 x_0，它对应的函数值记作 $f(x_0)$，当自变量 x 取遍定义域中所有值时，所得函数值的集合叫做函数的值域. 定义域、值域都用区间表示.

例 1 设 $f(x) = 3x - 5$，求 $f(-1)$，$f(a-1)$.

解 $f(-1) = 3 \times (-1) - 5 = -8$，

$f(a-1) = 3(a-1) - 5 = 3a - 8$.

例 2 求函数的定义域：

(1) $y = \dfrac{1}{x-1}$；　　　　(2) $y = \sqrt{x+3}$.

解 (1) 要使函数有意义，则 $x - 1 \neq 0$，即 $x \neq 1$.
所以函数的定义域为 $(-\infty, 1) \cup (1, +\infty)$.

(2) 要使函数有意义，则 $x + 3 \geq 0$，即 $x \geq -3$.
所以函数的定义域为 $[-3, +\infty)$.

求函数定义域时，如果函数解析式是分式，则分母不能为 0；如果函数解析式是根式，当根指数为偶次方根时，被开方数应大于等于 0.

例 3 靠墙角拴一条 2 米长的绳子，墙角是直角，绳子两端到地面的距离相等，求绳子与墙角围成的三角形面积与绳子一端到墙角距离的函数关系式.

解 如图 3-1 所示，设 $AB=x$，则

$$AC = \sqrt{4-x^2},$$

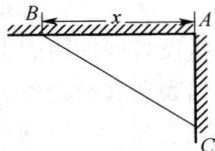

于是
$$S=\frac{1}{2}x\sqrt{4-x^2}, \quad 0<x<2.$$

图 3-1

在实际问题中，函数的定义域应根据问题的实际意义来确定.

课堂练习 3.1.1

1. 填空：

   (1) 一次函数 $y=kx+b(k\neq 0)$ 的定义域是____；

   (2) 二次函数 $y=ax^2+bx+c(a\neq 0)$ 的定义域是____；

2. 写出下列两个量之间的函数关系式____：

   (1) 正方体的体积 V 与它的棱长 x；

   (2) 圆的周长 C 与它的半径 r.

3. 求下列函数的定义域：

   (1) $f(x)=\dfrac{1}{3x+1}$；   (2) $g(x)=1-\sqrt{2+x}$；   (3) $y=\dfrac{k}{x}(k\neq 0)$

4. 已知 $f(x)=\dfrac{1}{2}x-1$，求 $f(0)$，$f(-1)$ 和 $f(1-2a)$.

3.1.2 函数的表示法

表示函数的方法有 3 种：列表法、解析法和图像法.

1. 列表法

实例 表 3-1 是某商场某种品牌的女鞋价格表.

表 3-1

鞋号	22.0	22.5	23.0	23.5	24.0	24.5	25.0	25.5	26.0
价格（元）	100	106	110	114	118	122	126	130	134

如果用 W 表示价格，x 表示鞋号，则价格 W 随鞋号 x 的变化而变化，因此价格 W 是鞋号 x 的函数.

像这样用表格表示函数的方法叫做列表法.

2. 解析法

实例中圆的面积 S 与它的半径 r 的关系是 $S=\pi r^2$，$r\in \mathbf{R}^+$；匀速运动（速度

是 v_0)的物体所经过的路程 s 与时间 t 的关系是 $s = v_0 t$.

像这样,两个变量之间的关系用一个公式来表示,这种表示函数的方法叫做解析法.

例 4 某公司购买某种设备的价值是 10 万元,计划折旧年限为 5 年(折旧是指设备因使用而发生的价值的损耗),每年计提折旧 2 万元,试分别用解析法和列表法表示设备的剩余价值 W 与使用年数 n 之间的函数关系.

解 (1)解析法:

根据题意,函数的解析式为:

$$W = 10 - 2n, n \in \{1,2,3,4,5\}.$$

(2)列表法:

分别计算出 1~5 年中每年的剩余价值,列成下表,即为用列表法表示该函数.

折旧年数 n/年	1	2	3	4	5
剩余价值 W/万元	8	6	4	2	0

3. 图像法

实例 图 3-2 是某气象台记录下来的某天 0 时至 12 时的某城市气温 $T(\text{℃})$ 随时间 $t(s)$ 变化的曲线.

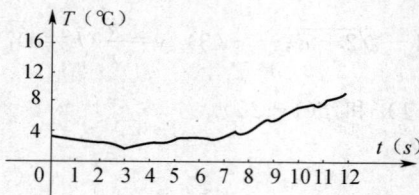

图 3-2

这条曲线描述了气温 $T(\text{℃})$ 随时间 $t(s)$ 变化的规律性. 对于每一时刻 $t \in [0, 12]$,通过这条曲线都能确定出该时刻对应的气温 T.

像这样,利用图像表示函数的方法叫做图像法.

对于解析法表示的函数 $y = f(x)$,当 x 取遍定义域中所有值时,以 (x, y) 为坐标的所有点的集合就是该函数的图像.

从函数 $y = f(x)$ 图像的含义可以得出:

$$\text{点 } M(a, b) \text{ 在 } f(x) \text{ 的图像上} \Leftrightarrow b = f(a).$$

例 5 判断点 $A(0, 1)$,$B(2, 5)$ 是否在函数 $f(x) = 3x + 1$ 的图像上.

解 因为 $f(0) = 3 \times 0 + 1 = 1$,$f(2) = 3 \times 2 + 1 \neq 5$.

所以点 $A(0, 1)$ 在函数 $f(x) = 3x + 1$ 的图像上,点 $B(2, 5)$ 不在函数 $f(x) = 3x + 1$ 的图像上.

例 6 作出下列函数的图像:

(1)$y = 2x - 1$,$x \in \{0, 1, 2, 3\}$;

(2)$y = x + 1$.

解　（1）列表：

x	0	1	2	3
y	-1	1	3	5

函数的图像由四个点组成，如图 3-3 所示．

（2）由于一元一次函数的图像是直线，而两点确定一条直线，因此列表确定两点即可．

列表：

x	0	1
y	1	2

函数的图像是经过点 $P(0，1)$、$Q(1，2)$ 的一条直线，如图 3-4 所示．

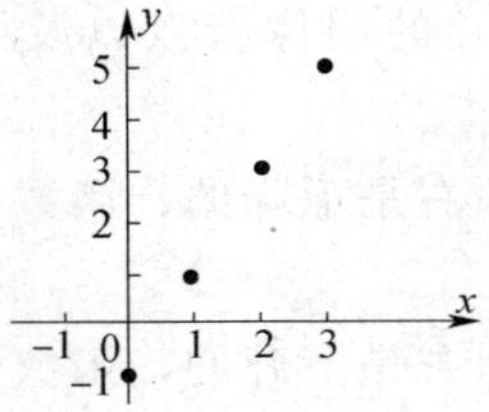

图 3-3 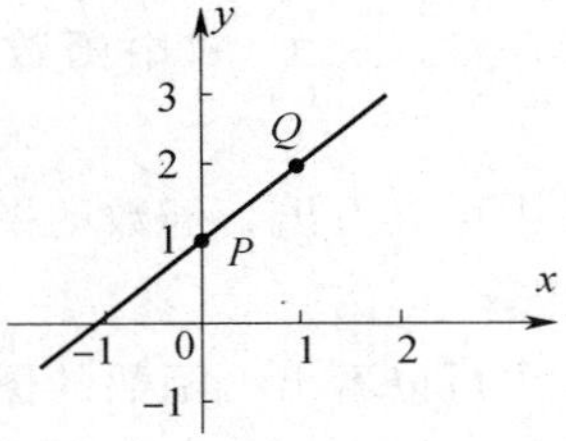　　　　　　　　图 3-4

课堂练习 3.1.2

1　判断点 $M(-1，1)$，$N(-2，2)$ 是否在函数 $f(x)=x^2$ 的图像上．

2　已知点 $p(2，-1)$ 在函数 $f(x)=kx+1$ 的图像上，求 k 的值．

3　作出下列函数的图像：

（1）$y=3x$；　　　（2）$y=\dfrac{1}{2}x+3$．

4　某超市出售食盐，由于供应紧张，限售 5 袋，每袋售价 1.5 元，应付款是食盐袋数的函数，试分别用三种方法表示这个函数．

习题 3.1

1　求下列函数在指定点处的函数值：

（1）$f(x)=2x^2+x$．　$x=-1$；$x=2$．

（2）$f(x)=\dfrac{x-1}{x+1}$．　　$x=0$；$x=\dfrac{1}{2}$；$x=h-1$．

2　求下列函数的定义域．

（1）$f(x)=\dfrac{1}{5x+7}$；　（2）$f(x)=\sqrt{9-5x}$；

(3) $f(x) = \dfrac{1}{\sqrt{2x+1}}$.

3 已知点 $P(-4, 1)$ 在反比例函数 $y = \dfrac{k}{x}$ 的图像上，求 k 的值.

4 作出下列函数的图像：

(1) $y = -x + 1$;   (2) $y = 2x$.

5 用长为 15 米的篱笆一面靠墙围成一矩形场地，场地面积是边长的函数，试用解析法表示该函数，并标明 x 的取值范围.

3.2 函数的性质

3.2.1 函数的单调性

观察 图 3-5、图 3-6 中函数 $y = f(x)$ 的图像特点以及函数值的变化规律.

从图 3-5 中可以看出，函数的图像从左到右是下降的，函数值随着自变量的增大而减小.

从图 3-6 中可以看出，函数的图像从左到右是上升的，函数值随着自变量的增大而增大.

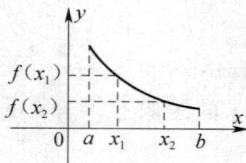
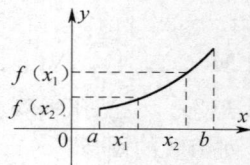

图 3-5   图 3-6

一般地，如果函数 $y = f(x)$ 在 (a, b) 上的图像从左到右是下降的，则称函数 $y = f(x)$ 在区间 (a, b) 上是递减的（或减函数），并称区间 (a, b) 是 $y = f(x)$ 的单调递减区间；如果函数 $y = f(x)$ 在 (a, b) 上的图像从左到右是上升的，则称函数 $y = f(x)$ 在区间 (a, b) 上是递增的（或增函数），并称 (a, b) 是 $y = f(x)$ 的单调递增区间

由减函数的定义，减函数的函数值随着自变量的增大而减小，即：

对任意的 x_1、$x_2 \in (a, b)$，当 $x_1 < x_2$ 时，都有 $f(x_1) > f(x_2)$.

由增函数的意义，增函数的函数值随着自变量的增大而增大，即：

对任意的 x_1、$x_2 \in (a, b)$，当 $x_1 < x_2$ 时，都有 $f(x_1) < f(x_2)$.

如果函数 $f(x)$ 在定义域上是递增的（或递减的），则称 $f(x)$ 是单调函数.

函数在某个区间上递增或递减的性质统称为函数的单调性. 单调递增区间和单调递减区间统称为函数的单调区间.

例1 判断函数 $y=2x-1$ 的单调性.

解 函数的定义域是 $(-\infty,+\infty)$.

作出函数 $y=2x-1$ 的图像（如图3-7所示）. 由于函数 $y=2x-1$ 在定义域上的图像从左到右是上升的，所以函数 $y=2x-1$ 是增函数.

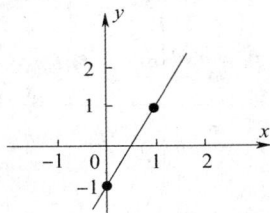

图 3-7

课堂练习 3.2.1

1 填空：

(1) 若 $y=f(x)$ 在区间 (c,d) 上是递增的，则在区间 (c,d) 上函数值随自变量 x 的增大而_____，函数的图像从左到右是_____，区间 (c,d) 叫做函数的_____区间；

(2) 若 $f(x)$ 在区间 (c,d) 上是递减的，则在区间 (c,d) 上函数值随自变量 x 的减小而_____，函数的图像从左到右是_____，区间 (c,d) 叫做函数的_____区间.

2 根据图3-8回答：

(1) 写出函数 $y=f(x)$ 的单调区间；

(2) 函数 $y=f(x)$ 在哪个区间上是递增的，在哪个区间上是递减的？

(3) 函数 $y=f(x)$ 在区间 (a,c) 上是单调函数吗？

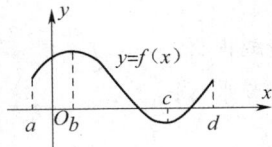

图 3-8

3 一次函数 $f(x)=-2x+1$ 在 $(-\infty,+\infty)$ 上是增函数还是减函数？不计算函数值，你能比较出 $f(\sqrt{3})$ 与 $f(3)$ 的大小吗？

4 判断函数 $f(x)=x^2$ 的单调性.

3.2.2 函数的奇偶性

1. 对称点的坐标

观察：将图3-9所示的坐标平面沿 x 轴对折，发现点 P 与 P_1 重合，我们称点 P 与 P_1 关于 x 轴对称，并把其中的一个点称为另一点关于 x 轴的对称点. 这时，点 P 与 P_1 的连线垂直于 x 轴，且点 P 与 P_1 到 x 轴的距离相等，因此这两点的横坐标相等，纵坐标互为相反数.

如果将图3-9所示的坐标平面沿 y 轴对折，发现点 P 与 P_2 重合，我们称点 P 与 P_2 关于 y 轴对称，并把其中的一个点称为另一点关于 y 轴的对称点. 这时，

点 P 与 P_2 的连线垂直于 y 轴,且点 P 与 P_2 到 y 轴的距离相等,因此这两点的纵坐标相等,横坐标互为相反数.

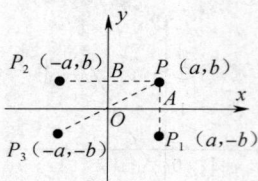

图 3-9

如果将图 3-9 中线段 OP 绕原点旋转 $180°$,发现点 P 与 P_3 重合,我们称点 P 与 P_3 关于原点 O 对称,并把其中的一个点称为另一点关于原点的对称点. 这时,这两点连线经过原点,且到原点的距离相等,因此这两点的横坐标与纵坐标都互为相反数.

一般地,设 $P(a,b)$ 是坐标平面内任意一点,则

(1) 点 P 关于 x 轴的对称点 P_1 的坐标是 $(a,-b)$;

(2) 点 P 关于 y 轴的对称点 P_2 的坐标是 $(-a,b)$;

(3) 点 P 关于原点的对称点 P_3 的坐标是 $(-a,-b)$.

例2 写出点 $A(-3,4)$ 关于 x 轴、y 轴、原点的对称点的坐标.

解 点 $A(-3,4)$ 关于 x 轴、y 轴、原点的对称点的坐标分别是 $B(-3,-4)$、$C(3,4)$、$D(3,-4)$.

例3 已知点 $A(a+1,4)$ 与点 $B(-3,b-1)$ 关于 y 轴对称,求 a 与 b 的值.

解 因为点 A 与点 B 关于 y 轴对称,所以

$$\begin{cases} a+1=-(-3) \\ b-1=4 \end{cases}$$

解得:$a=2$,$b=5$.

课堂练习 3.2.2 (1)

1 填空:

(1) 如果两点关于 x 轴对称,则它们的横坐标_____,纵坐标_____;

(2) 如果两点关于 y 轴对称,则它们的横坐标_____,纵坐标_____;

(3) 如果两点关于原点对称,则它们的横坐标_____,纵坐标_____.

2 写出下列各点分别关于 x 轴、y 轴、原点的对称点的坐标.

$A(2,-5)$,$B(-1,-2)$,$C(0,4)$,$D(-3,0)$.

3 已知点 $A(-3,4)$ 与点 $B(-3,a+2)$ 关于 x 轴对称,求 a 的值.

2. 函数的奇偶性

观察:将函数 $y=x^2$ 的图像(如图 3-10 所示)沿 y 轴对折,发现 y 轴左右两侧的图像完全重合,我们称函数的图像关于 y 轴对称. 这时函数图像上任意一点 P 关于 y 轴的对称点 P' 也在函数的图像上.

将函数 $y=x^3$ 的图像(如图 3-11 所示)绕原点旋转 $180°$,发现旋转后的图像与原图像完全重合,我们称函数的图像关于原点对称. 这时,函数图像上任意一点 P 关于原点的对称点 P' 也在函数的图像上.

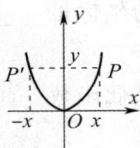
图 3 - 10

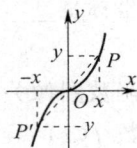
图 3 - 11

一般地，如果函数 $y=f(x)$ 的图像关于 y 轴对称，则称函数 $y=f(x)$ 是偶函数. 这时，对函数定义域上任意一点 x，有

$$f(-x)=f(x).$$

如果函数 $y=f(x)$ 的图像关于原点对称，则称函数 $y=f(x)$ 是奇函数. 这时，对函数定义域上任意的 x，有

$$f(-x)=-f(x).$$

既不是奇函数，也不是偶函数的函数称为非奇非偶函数. 函数是奇函数或偶函数的性质称为函数的奇偶性.

例 3　判断下列函数的奇偶性.

(1) $f(x)=x^2-1$；　　　(2) $g(x)=2x+1$.

解　这两个函数的定义域都是 $(-\infty,+\infty)$，

分别作出这两个函数的图像（如图 3 - 12 所示）.

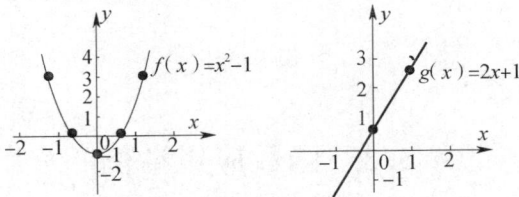
图 3 - 12

根据图像特征，函数 $f(x)=x^2-1$ 是偶函数，函数 $g(x)=2x+1$ 是非奇非偶函数.

课堂练习 3. 2. 2 （2）

判断下列函数的奇偶性：

(1) $f(x)=2x-5$；　　　(2) $f(x)=-3x$；　　　(3) $g(x)=\dfrac{1}{x}$.

习题 3. 2

1 填空：

(1) 偶函数的图像关于_____对称；

(2) 奇函数的图像关于_____对称；

(3) 点 $P(-a,b)$ 关于 y 轴的对称点的坐标是_____，关于原点的对

称点的坐标是_____，关于 x 轴的对称点的坐标是_____.

2 判断：

(1) 若函数图像关于 y 轴对称，则这个函数是偶函数.（   ）

(2) 函数 $f(x)=x^2$，$x\in(0,\infty)$ 是偶函数.（   ）

(3) 若函数的函数值随自变量的增大而增大，则这个函数是奇函数.（   ）

3 指出下列函数的奇偶性：

(1) $f(x)=5x^2+1$; 　　　　(2) $f(x)=-\dfrac{5}{x}$;

(3) $f(x)=2x$; 　　　　　　(4) $f(x)=4x-5$.

4 已知 $f(x)$ 是偶函数，$g(x)$ 是奇函数，它们右半部分的图像已经完成（如图 3-13 所示），试根据偶函数与奇函数的图像特点将它们的图像补充完整.

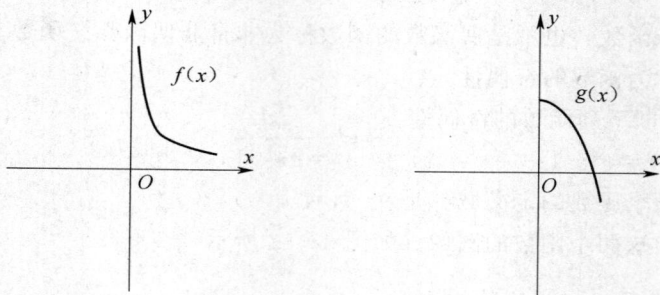

图 3-13

3.3 函数应用举例

函数在科学技术以及日常生活中都有着广泛的应用，下面举例说明.

例 1 某城市出租车收费标准是：4 km 内，收费 7 元；超过 4 km 时，每公里加收 0.8 元.

(1) 试求出车费 W（元）与行驶路程 s(km) 之间的函数解析式；

(2) 作出函数的图像；

(3) 当行驶 13 km 时，收费多少？

解 （1）根据题意，当 $0<s\leqslant4$ 时，$W=7$；

当 $s>4$ 时，$W=7+(s-4)\times0.8=3.8+0.8s$.

综合上述两种情况，W 与 s 之间的函数解析式为

$$W=\begin{cases}7, & 0<s\leqslant4 \\ 3.8+0.8s, & s>4\end{cases}.$$

这个函数在自变量的不同取值范围内，函数的解析式不同，这样的函数叫做

分段函数. 分段函数的定义域为自变量的各个不同取值范围的并集.

（2）函数的图像如图 3-14 所示. 当 $0<s\leqslant4$ 时，图像为一条不含左端点的水平线段 AB；当 $s>4$ 时，图像为不包含端点 B 的射线.

（3）因为 $s=13>4$，因此应根据 $W=3.8+0.8s$ 计算行驶 13 km 时的收费.

$$W(13)=3.8+0.8\times13=14.2(元).$$

即行驶 13 km 时应收费 14.2 元.

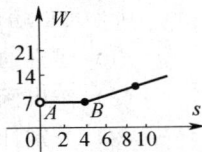

图 3-14

例 2 用长 8 米的铝材，制作成一个矩形窗框，试问：长和宽各为多少米时窗户的透光面积最大？最大面积是多少？

解 如图 3-15 所示，设宽为 x 米，则长为 $\frac{1}{2}(8-2x)$，于是面积

$$S=x\cdot\frac{1}{2}(8-2x)$$
$$=-x^2+4x,x\in(0,4).$$

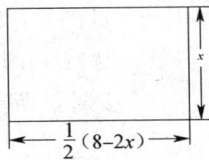

图 3-15

配方得

$$S=-x^2+4x$$
$$=-(x-2)^2+4.$$

由于 $a=-1<0$，所以函数有最大值，且当 $x=2$ 时，面积 S 达到最大值 4，此时宽

$$\frac{1}{2}(8-2x)=\frac{1}{2}(8-2\times2)=2.$$

因此窗框做成边长为 2 米的正方形时，透光面积最大，最大面积为 4 平方米.

从上述例子可以看出，应用函数解决实际问题时，首先要建立函数关系式，并根据实际问题确定函数的定义域，然后求解问题，最后写出结论.

课堂练习 3.3.1

1 设函数

$$f(x)=\begin{cases}-x & x\leqslant0\\ x+1 & ,x>0\end{cases}.$$

（1）求 $f(-2)$，$f(0)$，$f(2)$ 的值；

（2）作出函数的图像.

2 某城市某条公交线路公交车的收费标准是：乘坐 7 站（含 7 站）以内，收费 1 元；超过 7 站，每 5 站加收 0.5 元，该公交线路共设 15 站.

（1）写出车票 $W(元)$ 与乘坐站数 $n(站)$ 之间的函数关系式；

（2）乘坐 13 站应购票多少元？

3 小明家想一面靠墙（墙足够长）用 20 米长的竹篱笆围成一个矩形鸡场，试求出鸡场面积与鸡场长度的函数关系式.

习题 3.3

1. 某城市移动电话的收费标准是：每次通话 3 分钟（含 3 分钟）以内，收费 0.2 元；超过 3 分钟后，每分钟（不足 1 分钟按 1 分钟计算）加收 0.1 元.

(1) 建立通话费用与通话时间的函数关系式；

(2) 作出函数的图像；

(3) 分别计算通话 $3'12''$ 和 $5'38''$ 的通话费用.

2. 将一个排球以 20 m/s 的初速度从地面垂直抛向空中，在时刻 $t(s)$，排球的高度 $h(m)$ 是

$$h = -5t^2 + 20t, \quad 0 \leqslant t \leqslant 4.$$

试问：t 等于多少秒时，排球达到最高点？此时高度是多少米？

3. 用 32 cm 长的一根铁丝，围成一个矩形小框. 试问：矩形的长和宽各为多少时，所围矩形面积最大？最大面积是多少？

知识延拓　函数图像的变换

1. 函数图像的翻转

在同一坐标系中作出函数 $y = x^2$ 与 $y = -x^2$ 的图像，观察它们的图像有什么联系？

如图 3-16 所示，这两个函数的图像关于 x 轴对称，函数 $y = -x^2$ 的图像可以看做是由 $y = x^2$ 的图像沿 x 轴向下翻转而形成的.

一般地，函数 $y = -f(x)$ 的图像可由函数 $y = f(x)$ 的图像沿 x 轴上下翻转而形成.

在同一坐标系中作出函数 $y = x + 1$ 与 $y = -x + 1$ 的图像（如图 3-17 所示），这两个函数的图像关于 y 轴对称，函数 $y = -x + 1$ 的图像可以看做是由 $y = x + 1$ 的图像沿 y 轴向右翻转而形成的.

一般地，函数 $y = f(-x)$ 的图像可由函数 $y = f(x)$ 的图像沿 y 轴翻转而形成.

2. 函数图像的平移

在同一坐标系中作出函数 $y = x^2$ 与 $y = x^2 + 1$ 的图像（如图 3-18 所示）. 发

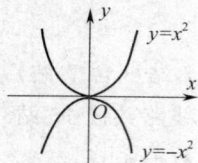

图 3-16

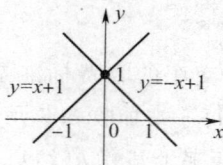

图 3-17

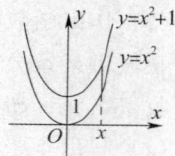

图 3-18

现对任意的 x，它们图像上对应的纵坐标都相差 1 个单位，因此函数 $y = x^2 + 1$ 的图像可以看做是 $y = x^2$ 的图像向上平移 1 个单位得到的.

一般地，函数 $y=f(x)+k$ 的图像可以由 $y=f(x)$ 的图像向上或向下平移 $|k|$ 个单位而得到.

在同一坐标系中作出函数 $y=x^2$ 与 $y=(x-1)^2$ 的图像（如图 3-19 所示）. 发现对于任意的 $y(y\geqslant0)$，它们图像对应的横坐标都相差 1 个单位，因此 $y=(x-1)^2$ 的图像可以看做是 $y=x^2$ 的图像向右平移 1 个单位而形成的.

一般地，函数 $y=f(x+k)$ 的图像可以由 $y=f(x)$ 的图像向左（$k>0$）或向右（$k<0$）平移 $|k|$ 个单位而得到.

3. 函数图象的伸缩

在同一坐标系中用描点法作出函数 $y=\sqrt{x}$，$y=2\sqrt{x}$，$y=\frac{1}{2}\sqrt{x}$（定义域都为 $[0,+\infty)$）的图像（如图 3-20 所示）.

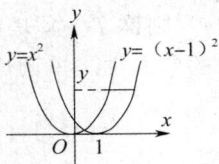

图 3-19

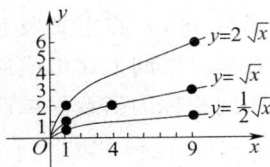

图 3-20

发现对任意的 $x\in[0,+\infty)$，函数 $y=2\sqrt{x}$ 图像上点的纵坐标是图像 $y=\sqrt{x}$ 上点的纵坐标的 2 倍，函数 $y=\frac{1}{2}\sqrt{x}$ 图像上点的纵坐标是图像 $y=\sqrt{x}$ 上点的纵坐标的 $\frac{1}{2}$. 因此，函数 $y=2\sqrt{x}$ 的图像可以看做由函数 $y=\sqrt{x}$ 图像的横坐标不变，纵坐标伸长 2 倍而形成的；函数 $y=\frac{1}{2}\sqrt{x}$ 的图像可以看做是由函数 $y=\sqrt{x}$ 的图像的横坐标不变，纵坐标缩短为原来的 $\frac{1}{2}$ 而得到的.

一般地，函数 $y=kf(x)$ 的图像可以由 $y=f(x)$ 的图像横坐标不变，纵坐标伸长（$k>0$）或缩短（$0<k<1$）到原来的 k 倍而得到.

本章小结

本章的主要内容是：函数的概念及表示法；函数的性质（单调性、奇偶性）及应用.

一、函数的概念

（1）在某变化过程中的两个变量 x、y，如果 y 的变化依赖于 x，则称 y 是 x 的函数，记作 $y=f(x)$.

自变量 x 的取值范围叫函数的定义域. 对于定义域中任何一个确定的数 x_0，

它对应的函数值记作 $f(x_0)$，当自变量 x 取遍定义域中所有值时，所得函数值的集合叫做函数的值域.

（2）函数的表示法：列表法、解析法、图像法.

二、函数的性质

1. 函数的单调性

如果函数 $y=f(x)$ 在 (a,b) 上的图像从左到右是下降的（或函数值随着自变量的增大而减小），则称函数 $y=f(x)$ 在区间 (a,b) 上是递减的（或减函数），并称区间 (a,b) 是 $y=f(x)$ 的单调递减区间.

如果函数 $y=f(x)$ 在 (a,b) 上的图像从左到右是上升的（或函数值随着自变量的增大而增大），则称函数 $y=f(x)$ 在区间 (a,b) 上是递增的（或增函数），并称 (a,b) 是 $y=f(x)$ 的单调递增区间.

如果函数 $f(x)$ 在定义域上是递增的（或递减的），则称 $f(x)$ 是单调函数.

函数在某个区间上递增或递减的性质统称为函数的单调性. 单调递增区间和单调递减区间统称为函数的单调区间.

2. 函数的奇偶性

（1）对称点的坐标. 设 $P(a,b)$ 是坐标平面内任意一点，则点 P 关于 x 轴、y 轴、原点的对称点的坐标分别是 $P_1(a,-b)$、$P_2(-a,b)$、$P_3(-a,-b)$.

（2）偶函数. 如果函数 $y=f(x)$ 的图像关于 y 轴对称，则称 $y=f(x)$ 是偶函数.

（3）奇函数. 如果函数 $y=f(x)$ 的图像关于原点对称，则称 $y=f(x)$ 是奇函数.

既不是奇函数，也不是偶函数的函数称为非奇非偶函数. 函数是奇函数或偶函数的性质称为函数的奇偶性.

三、函数的应用

利用函数解决实际问题的步骤是：

（1）设出变量，建立函数关系式，并根据问题的实际意义写出函数的定义域；

（2）求解函数关系；

（3）写出结论.

综合练习3

一、填空：

1️⃣ 函数 $y=\dfrac{1}{3x+1}$ 的定义域是_____.

2️⃣ 设 $f(x)=-2x+5$，则 $f(-1)=$_____，$f(-x)=$_____.

3 函数 $y=-2x^2+1$ 在区间_____上是递增的，在区间_____上是递减的.

4 设函数 $f(x)=ax-2$ 的图像经过点 $P(1,2)$，则 $a=$_____.

5 奇函数的图像关于_____对称，偶函数图像关于_____对称.

二、单项选择

1 函数 $y=\dfrac{1}{\sqrt{1-x}}$ 的定义域是（ ）.

    A. $(-\infty,1)$ B. $(1,+\infty)$

    C. $(-\infty,1]$ D. $(-\infty,1)\bigcup(1,+\infty)$

2 下列说法错误的是（ ）.

    A. 增函数的图像从左到右是上升的.

    B. 奇函数的图像关于 x 轴对称.

    C. 减函数的函数值随着自变量的增大而减小.

    D. 偶函数的图像关于 y 轴对称.

3 对于函数 $y=x+1$，下列说法正确的是（ ）.

    A. 函数是奇函数   B. 函数是递减的

    C. 函数是递增的   D. 函数是偶函数

4 函数 $y=-2x-1$ 的图像不经过第（ ）象限.

    A. 一   B. 二   C. 三   D. 四

5 某邮电局邮资 P（元）与邮件重量 w（克）的关系是

$$P=\begin{cases}0.8,0<w\leqslant20\\1.4,20<w\leqslant30\\2.2,30<w\leqslant40\\3.2,40<w\leqslant50\end{cases}$$

邮寄一封重 35 克的邮件，需付邮资（ ）元.

    A. 0.8   B. 1.4   C. 2.2   D. 3.2

三、设函数 $f(x)=\dfrac{x}{1-x^2}$.

(1) 求 $f(-2)$，$f(a)$，$f(a-1)$ 的值（其中 $|a|\neq1$，$|a-1|\neq1$）；

(2) 求函数的定义域.

四、判断函数 $y=-x+2$ 的单调性.

五、判断下列函数的奇偶性：

(1) $f(x)=-x^2+2$；   (2) $f(x)=-\dfrac{1}{x}$.

六、某农户想靠墙角（墙角为直角，且墙足够长）用长 20 米的竹篱笆圈出一块矩形菜地，试问：矩形的长和宽各为多少时，方可使菜地面积最大？此时菜地面积是多少？

🔵 **阅读与欣赏**

陈景润与哥德巴赫猜想

哥德巴赫猜想是世界近代三大数学难题之一．1742 年，德国数学家哥德巴赫提出：a. 任何一个大于 6 的偶数都可以表示成两个素数之和；b. 任何一个大于 9 的奇数都可以表示成三个素数之和．

两百多年来，许多数学家孜孜以求，但始终未能完全证明．1966 年，中国数学家陈景润证明了"任何充分大的偶数都是一个质数与一个自然数之和，而后者可以表示为两个质数的乘积"．通常这个结果简称"1＋2"．这是迄今世界上对"哥德巴赫猜想"研究的最佳成果．而"1＋1"这个哥德巴赫猜想中的最终问题，还有待解决．

陈景润（1933—1996 年）

第 4 章　指数函数与对数函数

一个细胞每次裂变为 2 个，经过 n 次裂变，细胞个数变成了多少？某种放射性物质每经过一年，残留量为原来的 80%，经过多少年残留量为原来的一半. 自然科学与现实世界中，经常会遇到这类问题，解决这类问题需要指数函数与对数函数的相关知识.

本章我们在对整数指数幂的概念推广的基础上，学习指数函数与对数函数的基本知识，并通过实际例子了解指数函数与对数函数在实际中的应用.

4.1　整数指数幂的概念的推广

回顾　整数指数幂

正整数指数幂的意义：

把 $\underbrace{a \cdot a \cdots \cdots a}_{n}$ 记作 $a^n (n \in \mathbf{N}^*)$，即

$$\underbrace{a \cdot a \cdot a \cdots \cdots a}_{n} = a^n$$

把 a^n 称为以 a 为底数 n 为指数的幂. 读作 "a 的 n 次幂"（或 a 的 n 次方）.

规定：$a^0 = 1 (a \neq 0)$.

注意：零的零次幂无意义.

负整数指数幂的意义：

规定：$a^{-m} = \dfrac{1}{a^m} (m \in \mathbf{N}^*, a \neq 0)$.

整数指数幂的运算法则：

$$a^m \cdot a^n = a^{m+n}$$

$$(a^m)^n = a^{mn}$$

$$(a \cdot b)^m = a^m \cdot b^m$$

其中 $m, n \in \mathbf{Z}$，$a \neq 0$，$b \neq 0$.

4.1.1 n 次根式

回顾 若 $x^2=a(a>0)$，则 x 叫做 a 的平方根. 记作 $\pm\sqrt{a}$，其中 $\sqrt{a}$ 叫做 a 的算术平方根. 如 4 的平方根是 $\pm\sqrt{4}=\pm2$.

注意：0 的平方根是 0，负数没有平方根.

若 $x^3=a$，则 x 叫做 a 的立方根，记作 $\sqrt[3]{a}$. 如 8 的立方根是 $\sqrt[3]{8}=2$，-8 的立方根是 $\sqrt[3]{-8}=-2$.

类似地我们可以定义 n 次根式的意义：

如果 $x^n=a(n\in N^*$ 且 $n>1)$，那么 x 叫做 a 的 n 次方根.

当 n 为偶数时，正数 a 的 n 次方根有两个，记作 $\pm\sqrt[n]{a}$. 其中 $\sqrt[n]{a}$ 叫做 a 的 n 次算数根，负数的 n 次方根没有意义.

当 n 为奇数时，任何实数的 n 次方根只有一个，记作 $\sqrt[n]{a}$.

零的 n 次方根是零.

例如，16 的 4 次方根是 2 和 -2，即 $\pm\sqrt[4]{16}=\pm2$；-32 的 5 次方根是 -2，即 $\sqrt[5]{-32}=-2$.

形如 $\sqrt[n]{a}$（$n\in\mathbf{N}^*$ 且 $n>1$）的式子叫做 a 的 n 次根式. 其中 n 叫做根指数，a 叫做被开方数.

利用计算器计算 n 次根式的值

本教材所使用计算器为 CASIOfx-82ES 型，以后不再说明. 使用计算器时，首先设置计算状态和精确度.

(1) 设置计算器为普通计算状态：顺次按键 $\boxed{\text{SHIFT}}\to\boxed{1}$.

(2) 设置精确度：顺次按键 $\boxed{\text{SHIFT}}\to\boxed{\text{MODE}}\to\boxed{6}$，

屏幕显示：Fix0～9

输入精确度，如精确到 0.000 1，按键 $\boxed{4}$；若设置有效数字，顺次按键 $\boxed{\text{SHIFT}}\to\boxed{\text{MODE}}\to\boxed{7}$ 屏幕显示：Sci0～9?，再输入有效数字个数，如保留 3 位有效数字，按键 $\boxed{3}$.

利用 $\boxed{\sqrt[\square]{\square}}$ 键计算 n 次根式的值. 具体步骤是：$\boxed{\text{SHIFT}}\to\boxed{\sqrt[\square]{\square}}\to$ 输入根指数 → 移动光标 → 输入被开方数 → $\boxed{=}$.

课堂练习 4.1.1

1 判断：

(1) 0 的 5 次方根是 0.　　　　　　　　　　　　　　　　　　　（　　）

(2) 3 的 6 次方根是 $\sqrt[6]{3}$.　　　　　　　　　　　　　　　　　（　　）

（3）－1 的 7 次方根是－1. 　　　　　　　　　　　　　　（　　）

（4）－3 的 4 次方根是 $-\sqrt[4]{3}$. 　　　　　　　　　　　（　　）

2 写出 4 的 8 次方根与－4 的 9 次方根.

3 利用计算器计算（精确到 0.000 1）.

（1）$\sqrt[3]{5}$ ；　　（2）$\sqrt[4]{6}$ ；　　（3）$\sqrt[7]{-0.53}$.

4.1.2　分数指数幂

在科学技术与生产实际中，幂的指数往往会出现分数的情况，如 $3^{\frac{1}{2}}$，$(-2)^{\frac{2}{3}}$.
这样的幂叫做分数指数幂.

规定

$$a^{\frac{m}{n}} = \sqrt[n]{a^m} \tag{4.1}$$

其中 m、$n \in \mathbf{N}^*$，且 $n > 1$. 当 n 为奇数时，$a^m \in \mathbf{R}$；当 n 为偶数时，$a^m \geqslant 0$.

当 $a^{\frac{m}{n}}$ 有意义，且 $a \neq 0$ 时，规定

$$a^{-\frac{m}{n}} = \frac{1}{\sqrt[n]{a^m}} \tag{4.2}$$

这样整数指数幂就推广到了有理数指数幂，还可以进一步推广到实数指数幂
（不再赘述），可以证明整数指数幂的运算法则对于有理数指数幂以及实数指数幂
都同样成立.（证明略）

根据分数指数幂的意义，分数指数幂与根式可以互相转化.

例 1　将下列分数指数幂化为根式：

（1）$5^{\frac{1}{4}}$ ；　　（2）$a^{-\frac{3}{2}}$.

解　（1）$5^{\frac{1}{4}} = \sqrt[4]{5}$.

（2）$a^{-\frac{3}{2}} = \dfrac{1}{\sqrt{a^3}}$.

例 2　将下列根式化为分数指数幂：

（1）$\sqrt[3]{2}$ ；　　（2）$\dfrac{1}{\sqrt[7]{0.1}}$.

解　（1）$\sqrt[3]{2} = 2^{\frac{1}{3}}$.

（2）$\dfrac{1}{\sqrt[7]{0.1}} = \dfrac{1}{0.1^{\frac{1}{7}}} = 0.1^{-\frac{1}{7}}$.

例 3　计算下列各式的值：

（1）$\left(\dfrac{1}{8}\right)^{-\frac{1}{3}}$ ；　　（2）$\sqrt{2} \times \sqrt[3]{2} \times \sqrt[4]{2}$.

解　（1）$\left(\dfrac{1}{8}\right)^{-\frac{1}{3}} = (2^{-3})^{-\frac{1}{3}} = 2^{-3 \times \left(-\frac{1}{3}\right)} = 2$；

（2）$\sqrt{2} \times \sqrt[3]{2} \times \sqrt[4]{2} = 2^{\frac{1}{2}} \times 2^{\frac{1}{3}} \times 2^{\frac{1}{4}} = 2^{\frac{1}{2} + \frac{1}{3} + \frac{1}{4}} = 2^{\frac{13}{12}}$.

在进行根式的乘、除运算时，往往先化为分数指数幂，再利用幂的运算法则进行运算往往较为简单.

利用计算器计算指数幂的值

一般指数幂利用 $\boxed{x^{\cdot}}$ 键来计算. 具体步骤是：输入底数→$\boxed{x^{\cdot}}$→输入指数→$\boxed{=}$. 如按上述步骤计算得：$2^{-\frac{3}{4}} \approx 0.594\,6$.

课堂练习 4.1.2

1. 求值：

$$0.5^0 ; \qquad 27^{\frac{2}{3}} ; \qquad \sqrt[5]{(-6)^5}.$$

2. 将分数指数幂化为根式：

$$5^{\frac{1}{2}} ; \qquad (-3)^{\frac{2}{3}} ; \qquad 2^{-\frac{1}{4}}.$$

3. 将下列根式化为分数指数幂：

$$\sqrt{2} ; \qquad \sqrt[3]{a^2} ; \qquad \frac{1}{\sqrt{3}}.$$

4. 化简下列各式：

(1) $(-2a^2)^{-3}$;

(2) $(a^{\frac{2}{3}} \cdot b^{\frac{1}{2}})^{-6}$;

(3) $\sqrt{a} \cdot \sqrt[4]{a} \cdot \sqrt[8]{a}$.

5. 利用计算器计算（精确到 0.000 1）.

(1) $(-5)^{\frac{1}{3}}$;   (2) 0.43^7;   (3) $5^{-\frac{4}{3}}$.

习题 4.1

1. 将下列分数指数幂化为根式：

$$a^{\frac{3}{2}} ; \qquad (-3)^{-\frac{1}{3}} ; \qquad \left(\frac{1}{2}\right)^{-\frac{1}{4}}.$$

2. 将下列根式化为分数指数幂：

$$\sqrt{3} ; \qquad \sqrt[5]{a^3} ; \qquad \frac{1}{\sqrt{2}}.$$

3. 计算：

$$8^{\frac{2}{3}} ; \qquad \sqrt[3]{0.001} ; \qquad 3^{-2} \times 81^{\frac{1}{4}} ; \qquad \sqrt{3} \cdot \sqrt[4]{9}.$$

4. 化简下列各式：

(1) $a^5 \cdot a^{-2}$;

*(2) $\dfrac{(a^{\frac{1}{2}} b^{\frac{1}{3}})^{-6}}{(a^2 b^3)^{\frac{1}{6}}}$;

*(3) $\sqrt[3]{a^2 b} \cdot \sqrt[6]{a^5 b^4}$.

4.2　幂函数

观察：函数 $y=x^2$，$y=x-1$，$y=x^{\frac{1}{2}}$ 有什么共同特点？

这三个函数的底数都是自变量 x，指数均为常数.

一般地，形如 $y=x^a$（α 为非零常数）的函数称为幂函数. 幂函数的定义域是使得 x^a 有意义的全体实数.

例 1　指出幂函数 $y=x^{\frac{1}{2}}$ 和 $y=x^{-2}$ 的定义域，用描点法画出函数的图像，根据图像说明这两个函数的性质.

解　函数 $y=x^{\frac{1}{2}}$ 的定义域为是 $[0,+\infty)$，函数 $y=x^{-2}$ 的定义域是 $(-\infty,0)\cup(0,+\infty)$.

列表：

x	0	1	4	9	$\cdots$
$y=x^{\frac{1}{2}}$	0	1	2	3	$\cdots$

x	$\cdots$	-2	-1	$-\dfrac{1}{2}$	$\cdots$	$\dfrac{1}{2}$	1	2	$\cdots$
$y=x^{-2}$	$\cdots$	$\dfrac{1}{4}$	1	4	$\cdots$	4	1	$\dfrac{1}{4}$	$\cdots$

描点，光滑连接，分别得到 $y=x^{\frac{1}{2}}$ 和 $y=x^{-2}$ 的图像（如图 4-1、图 4-2 所示）.

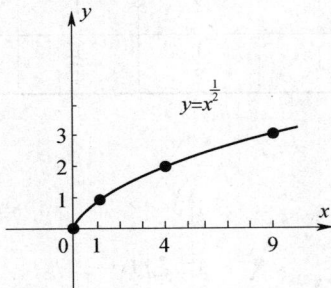

图 4-1

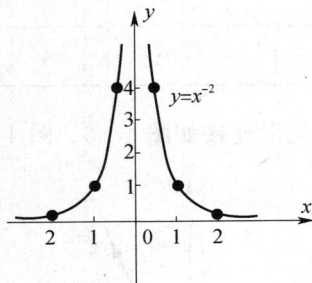

图 4-2

从图 4-1 可以看出：函数 $y=x^{\frac{1}{2}}$ 是增函数；从图 4-2 可以看出：函数 $y=x^{-2}$ 是偶函数，在 $(-\infty,0)$ 上是增函数，在 $(0,+\infty)$ 是减函数.

课堂练习 4.2.1

1　指出下列函数中的幂函数：

$$y=x^{\frac{1}{3}};\qquad y=x^{-2};\qquad y=\frac{1}{x};\qquad y=x.$$

2 指出幂函数 $y=x^{-1}$ 的定义域，并画出图像，根据图像指出函数的单调性
与奇偶性.

习题 4.2

1 求幂函数 $y=x^{-\frac{1}{2}}$ 的定义域.

2 作出幂函数 $y=x^3$ 和 $y=x^{-3}$ 的图像，并根据图像指出函数的性质.

4.3 指数函数

4.3.1 指数函数的图像与性质

观察 函数 $y=2^x$ 与 $y=\left(\dfrac{1}{2}\right)^x$ 有什么共同点.

它们的底数都是正常数，指数是自变量 x.

一般地，形如 $y=a^x$（$a>0$ 且 $a\neq1$）的函数称为指数函数. 指数函数的定义
域是 **R**.

例如，函数 $y=0.1^x$，$y=3^x$ 都是指数函数.

用描点法作出指数函数 $y=2^x$ 与 $y=\left(\dfrac{1}{2}\right)^x$ 的图像，观察图像特点.

列表：

x	$\cdots$	-2	-1	0	1	2	$\cdots$
$y=2^x$	$\cdots$	$\dfrac{1}{4}$	$\dfrac{1}{2}$	1	2	4	$\cdots$
$y=\left(\dfrac{1}{2}\right)^x$	$\cdots$	4	2	1	$\dfrac{1}{2}$	$\dfrac{1}{4}$	$\cdots$

描点，光滑连接如图 4-3、图 4-4 所示.

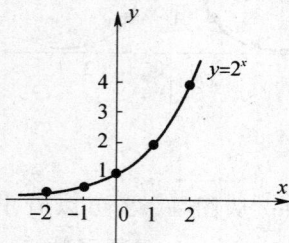

图 4-3

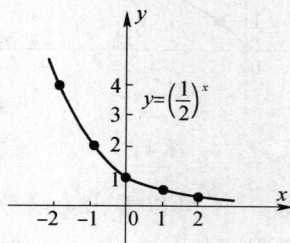

图 4-4

从图 4-3、图 4-4 中可以看出：

(1) 图像都位于 x 轴上方，即 $y>0$；

(2) 图像都经过点 $(0,1)$，即当 $x=0$ 时，$y=1$；

（3）函数 $y=2^x$ 图像从左到右是上升的，即函数 $y=2^x$ 在 $(-\infty,+\infty)$ 上是增函数；函数 $y=\left(\dfrac{1}{2}\right)^x$ 的图像从左到右是下降的，即函数 $y=\left(\dfrac{1}{2}\right)^x$ 在 $(-\infty,+\infty)$ 上是减函数．

一般地，指数函数 $y=a^x(a>0，a\neq1)$ 具有如下性质：

（1）函数的定义域时 R，值域是 $(0,+\infty)$；

（2）当 $x=0$ 时，$y=1$；

（3）当 $a>1$ 时，指数函数是增函数；当 $0<a<1$ 时，指数函数是减函数．

例 1　判断下列函数的单调性：

（1）$y=2^x$；　　　　　（2）$y=10^{-x}$．

解　（1）因为 $a=2>1$，所以指数函数 $y=2^x$ 是增函数．

（2）因为 $y=10^{-x}=(10^{-1})^x=\left(\dfrac{1}{10}\right)^x$，$a=\dfrac{1}{10}<1$，所以函数 $y=10^{-x}$ 是减函数．

例 2　求函数 $y=\sqrt{2^x-1}$ 的定义域．

解　因为 $2^x-1\geqslant0$，即
$$2^x\geqslant1=2^0，$$
由于指数函数 $y=2^x$ 是增函数，所以
$$x\geqslant0．$$
即函数的定义域为 $[0,+\infty)$．

例 3　比较 $2^{-\frac{1}{2}}$ 与 $2^{-\frac{1}{3}}$ 的大小．

解　考虑指数函数 $y=2^x$，它是增函数，

因为
$$-\dfrac{1}{2}<-\dfrac{1}{3}，$$

所以
$$2^{-\frac{1}{2}}<2^{-\frac{1}{3}}．$$

课堂练习 4.3.1

1 用描点法作出下列指数函数的图像：

　　（1）$y=3^x$；　　　　　　（2）$y=\left(\dfrac{1}{3}\right)^x$．

2 判断下列指数函数的单调性：

　　（1）$y=10^x$；　　　　　　（2）$y=0.3^x$．

3 函数 $y=(1-a)^x$ 为指数函数，试确定 a 的取值范围．

4 比较下列各组数的大小：

　　（1）$\left(\dfrac{1}{2}\right)^{-\frac{1}{2}}$ 与 $\left(\dfrac{1}{2}\right)^{-\frac{1}{3}}$；　　　（2）$3^{\frac{1}{4}}$ 与 $3^{\frac{1}{3}}$．

4.3.2 指数函数的应用举例

指数函数在自然科学和国民经济中有着广泛的应用，下面举例说明.

例 4 某城市现有人口 100 万人，根据近 20 年的统计资料显示，这个城市的人口年自然增长率为 1.2%，按这个增长率计算：10 年后这个城市的人口预计有多少万人？

解 设 x 年后该城市人口数为 y 万人，则

第 1 年后 $100 + 100 \times 1.2\% = 100 \times (1 + 1.2\%) = 100 \times 1.012$，

第 2 年后 $100 \times 1.012 + 100 \times 1.012 \times 1.2\% = 100 \times 1.012^2$，

        ……

第 x 年后 $y = 100 \times 1.012^x$.

因此，10 年后该城市人口数约为

$$100 \times 1.012^{10} \approx 112.67（万人）.$$

例 5 放射性物质镭的一种同位素镭-228，每经过一年剩余的质量大约是原来的 90.17%. 设开始有 1 克镭-228，经过 5 年后，剩余的质量有多少克？

解 设 x 年后的剩余量是 y 克，则

一年后的剩余量是 $1 \times 90.17\% = 0.9017$，

两年后的剩余量是 $0.9017 \times 90.17\% = 0.9017^2$，

        ……

x 年后的剩余量是 $y = 0.9017^x$.

因此，五年后剩余的质量约为

$$0.9017^5 \approx 0.5961（克）.$$

课堂练习 4.3.2

1 某城市 2010 年的国民生产总值为 100 亿元，如果年增长率保持在 8%，试问：到 2015 年时，该城市的国民生产总值将达到多少亿元？（结果保留两位小数）

2 放射性物质镭的一种同位素镭-228，每经过一年剩余的质量大约是原来的 90.17%. 问 1 克镭-228，经过多少年后，剩余的质量是原来的一半？

习题 4.3

1 指出下列函数是增函数，还是减函数？

(1) $y = 10^x$；   (2) $y = \left(\dfrac{1}{10}\right)^x$.

2 比较下列各小题中两个实数的大小：

(1) $0.2^{-\frac{1}{2}}$ 与 $0.2^{-\frac{1}{3}}$；   (2) 0.01^{-5} 与 1.

3 求下列函数的定义域：

(1) $y = \dfrac{1}{3^x - 1}$；   (2) $y = \sqrt{1 - 2^x}$.

4 设 $y_1 = \left(\dfrac{1}{3}\right)^{m+1}$，$y_2 = \left(\dfrac{1}{3}\right)^{-m}$，若 $y_1 > y_2$，求 m 的取值范围.

5 一台价值 100 万元的新机床，按每年 8% 的折旧率平均折旧，问 20 年后这台机床的价值是多少？（精确到 0.01）

6 某城市 2010 年常住人口 50 万人，如果每年按 1.2% 的增长率增长，那么 2016 年该城市常住人口大约有多少万人？（精确到 0.01）

4.4 对 数

4.4.1 对数的概念

问题 你能回答出 2 的多少次幂是 9 吗？

在指数式中，如果知道底数和幂的值，为了方便地求出指数，我们需要建立"对数"的概念.

如果 $a^b = N (a > 0$ 且 $a \neq 1)$，那么 b 叫做以 a 为底数的 N 的对数，记作

$$\log_a N = b \tag{4.3}$$

其中，a 叫做对数的底数，N 叫做对数的真数.

通常把 $a^b = N$ 叫做指数式，把 $\log_a N = b$ 叫做对数式.

根据对数的概念，对数式与指数式可以互相转化，即

$$\log_a N = b \Leftrightarrow a^b = N, \quad (a > 0 \text{ 且 } a \neq 1) \tag{4.4}$$

根据对数式与指数式的关系容易得出：

（1）零和负数没有对数；

（2）$\log_a 1 = 0$，即 1 的对数等于零；

（3）$\log_a a = 1$，即底数的对数等于 1.

特别地，当底数 $a = 10$ 时，称为常用对数，记作 $\lg N$；当底数 $a = e$ 时，称为自然对数，记作 $\ln N$.

例 1 将下列指数式写成对数式.

（1）$3^0 = 1$；　　　　（2）$2^{-3} = \dfrac{1}{8}$.

解 （1）$\log_3 1 = 0$；　　（2）$\log_2 \dfrac{1}{8} = -3$.

例 2 将下列对数式写成指数式.

（1）$\log_3 3 = 1$；　　　　（2）$\lg 100 = 2$.

解 （1）$3^1 = 3$；　　（2）$10^2 = 100$.

课堂练习 4.4.1

1 求下列各式的值：

$\log_2 1$；　　　$\lg 10$；　　　$\log_{\frac{1}{3}} \dfrac{1}{3}$；　　　$\ln 1$.

2 把下列指数式表示成对数式：

$3^4 = 81$； $e^x = 18$； $0.5^b = 6$.

3 将下列对数式写成指数式：

$\log_3 27 = 3$；$\log_{0.1} 10 = -1$；$\lg 100 = 2$.

4.4.2 对数的运算

设 $\log_a M = p$，$\log_a N = q$，则 $a^p = M$，$a^q = N$，因为

$$M \cdot N = a^p \cdot a^q = a^{p+q},$$

所以

$$\log_a(MN) = p + q,$$

即 $$\log_a(MN) = \log_a M + \log_a N，\ (M > 0，N > 0) \qquad (4.5)$$

类似地，对于任意正实数 M、N，以及任意实数 p，有

$$\log_a \frac{M}{N} = \log_a M - \log_a N \qquad (4.6)$$

$$\log_a M^p = p \log_a M \qquad (4.7)$$

公式（4.5）、公式（4.6）、公式（4.7）称为积、商、幂的对数公式.

例 3 求下列对数式的值.

(1) $\log_3 \dfrac{1}{9}$； (2) $\log_{0.1} 1\,000$； (3) $\ln \sqrt{e}$.

解 (1) $\log_3 \dfrac{1}{9} = \log_3 3^{-2} = -2$；

(2) $\log_{0.1} 1\,000 = \log_{0.1} 0.1^{-3} = -3$；

(3) $\ln \sqrt{e} = \ln e^{\frac{1}{2}} = \dfrac{1}{2}$.

例 4 求 $\lg 4 + \lg 25$ 的值.

解 $\lg 4 + \lg 25 = \lg(4 \times 25) = \lg 100 = 2$.

例 5 用 $\lg x$，$\lg y$ 表示 $\lg \dfrac{x^2}{y}$.

解 $\lg \dfrac{x^2}{y} = \lg x^2 - \lg y = 2\lg x - \lg y$.

利用计数器计算对数的值

利用 $\boxed{\ln}$ 键计算自然对数，利用 $\boxed{\log}$ 键计算常用对数，利用 $\boxed{\text{log}\blacksquare\square}$ 键计算一般底数的对数. 例如计算 $\log_3 2$，设置好计算状态与精确度后，按 $\boxed{\text{log}\blacksquare\square}$ →输入底数→移动光标→输入真数→ $\boxed{=}$ ，显示计算结果：$0.630\,9$.

课堂练习 4.4.2

1 求下列各式的值：

(1) $\lg \sqrt{10}$；(2) $\log_3 \dfrac{1}{27}$；(3) $\lg 80 - \lg 8$.

2 用 $\lg x$，$\lg y$ 表示下列各式：

(1) $\lg(xy^3)$；　　　　　　(2) $\lg \dfrac{x}{y^2}$．

3 对数 $\log_3(1-2x)$ 有意义，试确定 x 的取值范围．

4 利用计数器求下列各对数的值．（精确到 0.000 1）

$\lg 1.6$；　$\lg 0.316$；　$\ln 1.035$；　$\log_{3.132}2.061$．

习题 4.4

1 填空．

(1) 指数式 $3^{-1}=\dfrac{1}{3}$ 化为对数式：_____；

(2) 对数式 $\lg 10=1$ 化为指数式：_____；

(3) $\lg 0.1=$_____，$\ln \sqrt[3]{e}=$_____．

1 判断．

(1) $\lg(a+b)=\lg a+\lg b$． 　　　　　　　　　　　　　（　　）

(2) $\lg(a-b)=\lg \dfrac{a}{b}$． 　　　　　　　　　　　　　（　　）

(3) 零的对数是零． 　　　　　　　　　　　　　　　　　（　　）

3 求值．

(1) $\log_3 \dfrac{1}{4}+\log_3 4$；　　(2) $\log_{\frac{1}{2}}4-\log_{\frac{1}{2}}8$．

4 求下列各式中的 x 的值．

(1) $\lg x=1$；　　(2) $\lg(x+1)=2$．

5 已知 $\lg a=2$，$\lg b=3$，求 $\lg \dfrac{b^2}{a}$ 的值．

4.5　对数函数

4.5.1　对数函数的图像与性质

形如 $y=\log_a x$ 的函数叫做对数函数，其中 $a>0$，且 $a\neq 1$．由于零和负数没有对数，因此对数函数的定义域为 $(0,+\infty)$．

用描点法作出函数 $y=\log_2 x$ 和 $y=\log_{\frac{1}{2}}x$ 的图像，根据图像观察函数的性质．

列表：

x	…	$\dfrac{1}{4}$	$\dfrac{1}{2}$	1	2	4	…
$y=\log_2 x$	…	-2	-1	0	1	2	…
$y=\log_{\frac{1}{2}}x$	…	2	1	0	-1	-2	…

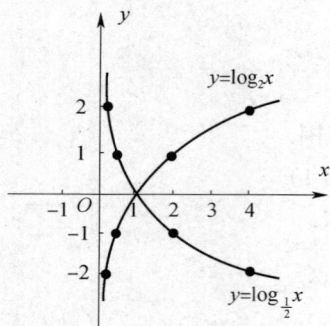

图 4-5

描点、光滑连接得到函数 $y=\log_2 x$ 和 $y=\log_{\frac{1}{2}} x$ 的图像（如图 4-5）.

观察图 4-5 发现：

（1）函数 $y=\log_2 x$ 和 $y=\log_{\frac{1}{2}} x$ 的图像都位于 y 轴右侧，即 $x>0$；

（2）图像都经过点（1，0），即当 $x=1$ 时，$y=0$；

（3）函数 $y=\log_2 x$ 的图像从左到右是上升的，即函数 $y=\log_2 x$ 在（0，$+\infty$）上是增函数；函数 $y=\log_{\frac{1}{2}} x$ 的图像从左到右是下降的，即函数 $y=\log_{\frac{1}{2}} x$ 在（0，$+\infty$）上是减函数.

一般地，对数函数 $y=\log_a x$（$a>0$，且 $a\neq1$）具有如下性质：

（1）对数函数的定义域时（0，$+\infty$），值域是 **R**；

（2）当 $x=1$ 时，$y=0$；

（3）当 $a>1$ 时，函数 $y=\log_a x$ 在（0，$+\infty$）上是增函数；当 $0<a<1$ 时，函数 $y=\log_a x$ 在（0，$+\infty$）上是减函数.

例1 确定下列对数函数的单调性：

（1）$y=\log_4 x$；　　　　（2）$y=\log_{0.1} x$.

解 （1）因为 $a=4>1$，所以函数 $y=\log_4 x$ 是增函数.

（2）因为 $a=0.1<1$，所以函数 $y=\log_{0.1} x$ 是减函数.

例2 比较下列两个实数的大小.

（1）$\ln 3$ 与 $\ln 5$；（2）$\log_{\frac{1}{2}} 3$ 与 $\log_{\frac{1}{2}} 5$.

解 （1）函数 $y=\ln x$ 在（0，$+\infty$）是增函数，由于 $3<5$，所以 $\ln 3<\ln 5$.

（2）函数 $y=\log_{\frac{1}{2}} x$ 在（0，$+\infty$）是减函数，由于 $3<5$，所以 $\log_{\frac{1}{2}} 3>\log_{\frac{1}{2}} 5$.

例3 求函数 $y=\log_a(x+1)$ 的定义域.

解 要使函数有意义，必须 $x+1>0$，即 $x>-1$. 所以函数 $y=\log_a(x+1)$ 的定义域是（-1，$+\infty$）.

课堂练习 4.5.1

1 用描点法作出函数 $y=\log_{\frac{1}{3}} x$ 与 $y=\log_3 x$ 的图像.

2 判断下列函数的单调性：

　　（1）$y=\log_{0.42} x$；　　　　（2）$y=\lg x$.

3 比较大小：

　　（1）$\ln 3$ 与 1；　　　　（2）$\log_{\frac{1}{3}} 0.3$ 与 $\log_{\frac{1}{3}} 0.1$；　　　　（3）$\log_{\frac{1}{5}} 0.02$ 与 0.

4 求函数 $y=\log_a(2x+1)$ 的定义域.

4.5.2 对数函数的应用举例

对数函数在科学技术与国民经济中有着广泛的应用,下面举例介绍.

例 4 某城市 2010 年国民生产总值为 10 亿元,如果年增长率保持在 8%,试问:约多少年后该城市的国民生产总值能翻一番?

解 设 x 年后该城市的国民生产总值能翻一番,则

$$10 \times (1 + 8\%)^x = 20,$$

从而 $x = \log_{1.08} 2 \approx 9$. 因此,大约 9 年后该城市的国民生产总值能翻一番.

例 5 镭-228 每经过一年剩余的质量约是原来的 90.17%,试问大约经过多少年剩余质量是原来的一半.

解 设镭-228 的初始质量为 a,经过 x 年后剩余质量是原来的一半,则

$$a \times 0.901\ 7^x = \frac{1}{2}a.$$

从而 $x = \log_{0.9017} 0.5 \approx 7$. 因此,镭-228 大约经过 7 年剩余质量是原来的一半.

练习 4.5.2

1 某地区计划以后每年使国民生产总值增长率保持在 7.9%,问大约经过多少年可使国民生产总值翻一番.

2 某地区 2 010 人口总数是 150 万人,该地区年人口自然增长率是 3.7%,试问,大约经过多少年该地区人口总数可达到 200 万人?

3 放射性元素碳-14 大约经过 5 730 年剩余质量是原来的一半,问:10 克这种物质经过 50 年的剩余量是多少克?

习题 4.5

1 用 ">" "<" 或 "=" 连接.

ln1 ____ 0; $\log_{0.1} 5$ ____ $\log_{0.1} 3$;   lg0.3 ____ lg1.5.

2 求下列函数的定义域:

(1) $y = \log_a(2-x)$;   (2) $y = \log_a(x^2-1)$;   (3) $y = \dfrac{1}{\log_a x}$.

3 判断下列对数函数的单调性:

(1) $y = \log_{2011} x$;   (2) $y = \ln x$;   (3) $y = \log_{\frac{2}{3}} x$.

4 不求值,判断对数式 $\log_{\frac{1}{3}} \frac{1}{4}$ 的值大于 1 还是小于 1.

5 设 $y_1 = \log_{\frac{1}{3}}(m+1)$,$y_2 = \log_{\frac{1}{3}}(1-2m)$. 要使 $y_1 < y_2$,求 m 的取值范围.

6 某农场的小麦年产量是 100 万吨,通过引进新品种,计划每年比上一年增产 10%,按这一计划,大约经过多少年年产量可达到 150 万吨?

知识延拓 银行利息的计算

1. 单利的计算

单利是以本金为基础计算的利息.

例 1　年初按整存整取方式存入银行 1 000 元人民币, 年利率是 3.16%, 存期 2 年, 利息税率是 20%. 按单利计算到期后本利和(即本金加利息, 又称终值)是多少元?

解　期末利息:

$$1\ 000 \times 3.16\% \times 2 = 63.2(元)$$

利息税:

$$63.2 \times 20\% = 12.64(元)$$

到期后的本利和:

$$1\ 000 + 63.2 - 12.64 = 1\ 050.56(元)$$

即到期后实际获得的本利和为 1 050.56 元.

一般地, 设 F 表示税后本利和, P 表示本金, I 表示利息, i_1 表示利率, n 表示期数, i_2 表示利息税率, 则

$$F = P + I - I \times i_2 = P + I(1 - i_2).$$

其中, $I = P \times i_1 \times n$.

2. 复利的计算

复利即利息所产生的利息, 俗称"利滚利".

例 2　年初按半年期整存整取方式存入银行 1 000 元, 到期自动连本带息转存, 存期 2 年, 年利率为 3.16%, 利息税率是 20%. 计算两年后到期时的本利和是多少元? (精确到 0.01 元)

解　半年期利率: $3.16\% \div 2 = 1.58\%$;

第 1 期末 (半年末) 税后本利和:

$$1\ 000 + 1\ 000 \times 1.58\% - 1\ 000 \times 1.58\% \times 20\%$$
$$= 1\ 000[1 + 1.58\%(1 - 20\%)]$$
$$= 1\ 000 \times 1.012\ 6;$$

第 2 期末 (一年末) 税后本利和:

$$1\ 000 \times 1.012\ 6 + 1\ 000 \times 1.012\ 6 \times 1.58\% - 1\ 000 \times 1.012\ 6 \times 1.58\% \times 20\%$$
$$= 1000 \times 1.012\ 6^2;$$

第 3 期末 (一年半末) 税后本利和:

$$1\ 000 \times 1.012\ 6^3;$$

第 4 期末 (两年末) 税后本利和:

$$1\ 000 \times 1.012\ 6^4 \approx 1\ 051.36\ (元).$$

即两年到期后的本利和是 1 051.36 元.

一般地, 设 F 表示复利税后本利和, P 表示本金, I 表示利息, i_1 表示利率, n 表示期数, i_2 表示利息税率, 则

$$F = P[1 + i_1(1 - i_2)]^n.$$

思考：老王有 1 万元人民币，按一年期整存整取的方式存入银行，一年期的年利率是 3.25%，利息税率为 20%，如果每过一年连本带息自动转存，试求：

（1）5 年后的本息总和是多少？

（2）经过多少年本金可以翻一番？

本章小结

本章的主要内容是：整数指数幂的概念的推广及运算，幂函数的概念，指数函数的图像和性质及应用，对数的运算，对数函数的图像和性质及应用.

一、整数指数幂的概念的推广

1. n 次根式

如果 $x^n = a(n \in \mathbf{N}^* 且 n > 1)$，那么 x 叫做 a 的 n 次方根.

当 n 为偶数时，正数 a 的 n 次方根有两个，记作 $\pm \sqrt[n]{a}$. 其中 $\sqrt[n]{a}$ 叫做 a 的 n 次算数根，负数的 n 次方根没有意义.

当 n 为奇数时，任何实数的 n 次方根只有一个，记作 $\sqrt[n]{a}$.

零的 n 次方根是零.

2. 分数指数幂

设 m，n 都是正整数且 $n > 1$，则

（1）$a^{\frac{m}{n}} = \sqrt[n]{a^m}$.（$a$ 使得根式有意义）

（2）$a^{-\frac{m}{n}} = \dfrac{1}{\sqrt[n]{a^m}}$.（$a \neq 0$，且使得根式有意义）

3. 指数幂的运算法则：

（1）$a^m \cdot a^n = a^{m+n}$；

（2）$(a^m)^n = a^{mn}$；

（3）$(a \cdot b)^m = a^m \cdot b^m$.

其中，$a \neq 0$，$b \neq 0$，m，n 是使得各式有意义的任意实数.

特别地，$a^0 = 1(a \neq 0)$.

二、幂函数

形如 $y = x^a$（a 为非零常数）的函数叫做幂函数. 其定义域为使得幂函数有意义的全体实数.

三、指数函数

形如 $y = a^x$（$a > 0$ 且 $a \neq 1$）的函数称为指数函数. 指数函数的定义域是 **R**.

指数函数的图像和性质（如表 4-1 所示）.

表 4-1

函数	$y=a^x$, $\qquad x\in R$	
	$a>1$	$0<a<1$
图象		
性质	（1）$y>0$	（1）$y>0$
	（2）当 $x=0$ 时，$y=1$	（2）当 $x=0$ 时，$y=1$
	（3）在 $(-\infty,+\infty)$ 上是增函数	（3）在 $(-\infty,+\infty)$ 上是减函数

3. 指数函数的应用

四、对数

1. 对数的概念

如果 $a^b=N(a>0$ 且 $a\neq1)$，则称 b 是以 a 为底数的 N 的对数，记作

$$\log_a N=b,$$

其中，a 称为底数，N 称为真数.

2. 对数式与指数式的互化

$$\log_a N=b \iff a^b=N,\quad (a>0 \text{ 且 } a\neq1).$$

3. 对数的运算法则

设 $a>0$ 且 $a\neq1$，对于任意正实数 M、N，以及任意实数 p，有

$$\log_a(MN)=\log_a M+\log_a N.$$

$$\log_a\frac{M}{N}=\log_a M-\log_a N.$$

$$\log_a M^p=p\log_a M.$$

五、对数函数的图像和性质

1. 对数函数的概念

形如 $y=\log_a x$ 的函数叫做对数函数，其中 $a>0$，且 $a\neq1$. 对数函数的定义域为 $(0,+\infty)$.

2. 对数函数的图像和性质（如表 4 - 2 所示）

表 4 - 2

函数	$y=\log_a x(a>0，且 a\neq1)$	
	$a>1$	$0<a<1$
图象		
性质	(1) 定义域是 $(0,+\infty)$，值域是 $(-\infty,+\infty)$.	
	(2) 当 $x=1$ 时，$y=0$.	
	(3) 在 $(0,+\infty)$ 上是增函数.	在 $(0,+\infty)$ 上是减函数.

综合练习 4

一、填空：

1 用 ">" "<" 或 "=" 连接.

$3^{-5.1}$ ____ $3^{-5.6}$， $5^{0.01}$ ____ 1， $\log_{0.2}1.5$ ____ $\log_{0.2}0.5$，

$\lg 10$ ____ 1.

2 在横线上填上指数式或对数式的值.

$0.01^{-3}=$ _____， $(\sqrt{2})^0=$ _____， $\log_3\dfrac{1}{81}=$ _____， $\ln\sqrt{e}=$ _____；

3 函数 $y=\log_{0.1}(2x+1)$ 的定义域是 _____；

4 指数式 $3^{-1}=\dfrac{1}{3}$ 用对数式表示为 _____，对数式 $\lg 0.1=-1$ 用指数式

表示为 _____；

5 指数函数 $y=(a+1)^x$ 在 $(-\infty,+\infty)$ 上是减函数，则 a 的取值范围

是 _____；

6 指数函数 $y=a^x$ 的图像恒经过点 _____；

7 对数函数 $y=\log_a x(a>0 且 a\neq1)$ 的图像恒经过点 _____.

二、化简或求值.

(1) $\lg 5-\lg 50$；　　　　　　(2) $\sqrt{a}\cdot\sqrt[3]{a^2}$.

三、说出下列函数的名称，并指出是增函数还是减函数？

(1) $y=x^3$；　　(2) $y=2^x$；　　(3) $y=\log_{0.5}x$.

*四、设 $y_1=\left(\dfrac{1}{3}\right)^{m+1}$，$y_2=\left(\dfrac{1}{3}\right)^{-m}$. 若 $y_1>y_2$，求 m 的取值范围.

五、求下列函数的定义域.

(1) $y=\sqrt{2^{x}-1}$；　　(2) $y=\log_{3}(1-2x)$．

六、某公司生产的化工产品，去年生产成本是 1 000 元/吨，进行技术革新后，生产成本每年可降低 9%，问几年后可使生产成本降低到 700 元/吨．

⊙ **阅读与欣赏**

华罗庚的故事

1910 年 11 月 12 日，华罗庚生于江苏省金坛县．他家境贫穷，决心努力学习．上中学时，在一次数学课上，老师给同学们出了一道著名的难题："今有物不知其数，三三数之余二，五五数之余三，七七数之余二，问物几何？"大家正在思考时，华罗庚站起来说："23"．他的回答使老师惊喜不已，并得到老师的表扬．从此，他喜欢上了数学．

华罗庚上完初中一年级后，因家境贫困而失学了，只好替父母站柜台，但他仍然坚持自学数学．经过自己不懈的努力，他的论文《苏家驹之代数的五次方程式解法不能成立的理由》，被清华大学数学系主任熊庆来教授发现，邀请他来清华大学．华罗庚被聘为大学教师，这在清华大学的历史上是破天荒的事情．

华罗庚

1936 年夏，已经是杰出数学家的华罗庚，作为访问学者在英国剑桥大学工作两年．而此时抗日的消息传遍英国，他怀着强烈的爱国热忱，风尘仆仆地回到祖国，为西南联合大学讲课．

华罗庚十分注意数学方法在工农业生产中的直接应用。他经常深入工厂进行指导，从事数学应用普及工作，并编写了科普读物．

华罗庚也为青年树立了自学成才的光辉榜样，他是一位自学成才、没有大学毕业文凭的数学家。他说："不怕困难，刻苦学习，是我学好数学最主要的经验""所谓天才就是靠坚持不断的努力"．

第5章 三角函数

自然界中有许多现象呈现周期性的变化，如钟表指针的转动、一年四季周而复始、大海的潮汐、声波的震动等．三角函数是描述周期性现象的数学工具．

本章在对角的概念推广的基础上，学习任意角的三角函数的基本知识及在实际中的应用．

5.1 角的概念推广

5.1.1 任意角

生活中我们用扳手拧一个螺丝，往往不止一圈，而且顺时针方向和逆时针方向拧动产生的效果也不同，说明仅用 $0° \sim 360°$ 范围内的角，已不能反映或解决生产、生活中的实际问题，需要对角的概念进行推广．

平面内一条射线绕它的端点从一个位置旋转到另一个位置所形成的图形称为角．射线的端点称为角的顶点，射线的初始位置称为角的始边，射线的终止位置称为角的终边（如图 5-1（1）所示）．

规定：按逆时针方向旋转而成的角称为正角（如图 5-1（2）所示），按顺时针方向旋转而成的角称为负角（如图 5-1（3）所示），当一条射线没有旋转时，我们认为它形成了一个零角．

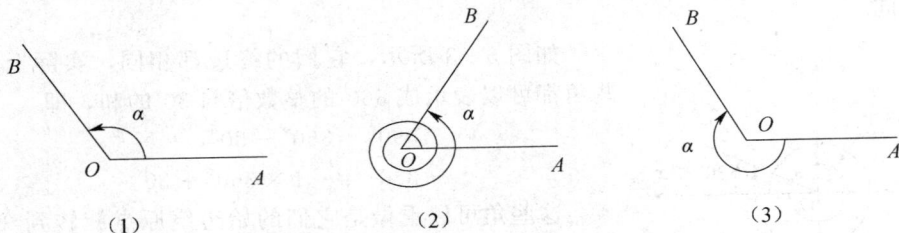

（1）　　　　　（2）　　　　　（3）

图 5-1

角通常用小写希腊字母 α，β，γ，θ……来表示．

当角规定了正角、负角和零角以后，角就变成了任意大小的角，即任意角.

为了统一地研究角，我们在平面直角坐标系中，使角的顶点与原点重合，角的始边与 x 轴正半轴重合，这时角的终边落在第几象限，就称这个角是第几象限的角.

如 $30°$，$-300°$ 是第 1 象限的角（如图 5-2（1）所示），$120°$ 是第 2 象限的角，$-45°$ 是第 4 象限的角（如图 5-2（2）所示）.

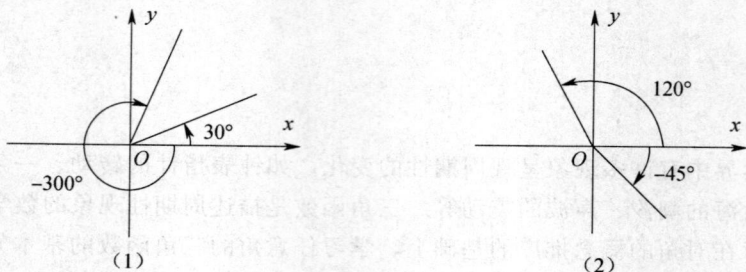

（1）   （2）

图 5-2

如果角的终边落在坐标轴上，就认为这个角不属于任何象限，把这个角叫做界限角（或轴线角），如 $0°$，$90°$，$180°$，$270°$，$360°$，$-90°$ 等都是界限角.

课堂练习 5.1.1

1 下列说法是否正确.

（1）第 1 象限的角都是锐角.（　　）

（2）锐角一定是第 1 象限的角.（　　）

（3）小于 $90°$ 的角一定是锐角.（　　）

（4）第 1 象限的角一定是正角.（　　）

2 在直角坐标系中作出下列各角，并指出它们是第几象限的角.

$70°$；$-30°$；$390°$；$230°$；$-180°$.

5.1.2 终边相同的角

观察：在同一坐标系中作出角 $30°$，$390°$，$-330°$，观察它们的终边是否相同.

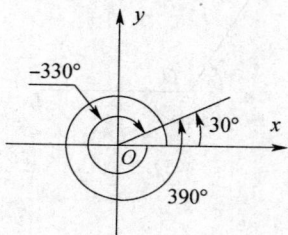

图 5-3

如图 5-3 所示，它们的终边都相同，实际上，这些角都可以表示成 $360°$ 的整数倍与 $30°$ 的和，即

$$390° = 360° + 30°,$$

$$-330° = -1 \times 360° + 30°.$$

这些角可以看做是它们的始边绕原点旋转到 $30°$ 的位置，再按顺时针方向或逆时针方向旋转 $360°$ 而形成，它们的终边相同，叫做终边相同的角. 其实与 $30°$ 终边相同的角有无限多个. 如

$$750° = 2 \times 360° + 30°,$$
$$-690° = -2 \times 360° + 30°,$$
$$\cdots$$

所有与 30°终边相同的角（包含 30°）都可以表示成 $\beta = k \cdot 360° + 30°(k \in \mathbf{Z})$ 的形式. 因此与 30°角终边相同的角的集合为

$$\{\beta | \beta = k \cdot 360° + 30°, k \in \mathbf{Z}\}.$$

一般地，与 α 终边相同的角（包含 α）都可以表示成 $\beta = k \cdot 360° + \alpha(k \in \mathbf{Z})$ 的形式. 与 α 终边相同的角的集合为

$$\{\beta | \beta = k \cdot 360° + \alpha, k \in \mathbf{Z}\} \tag{5.1}$$

例 1 写出终边与 x 轴正半轴、x 轴负半轴重合的所有角组成的集合.

解 由于 0°的终边在 x 轴的正半轴上，因此终边与 x 轴正半轴重合的所有角组成的集合是：$\{\beta | \beta = k \cdot 360°, k \in \mathbf{Z}\}$.

由于 180°角的终边在 x 轴的负半轴上，因此终边重合于 x 轴负半轴的所有角组成的集合是：$\{\beta | \beta = k \cdot 360° + 180°, k \in \mathbf{Z}\}$.

例 2 写出与 130°终边相同的角的集合，并指出 $-360° \sim 720°$ 范围内的角.

解 与 130°终边相同的角的集合是

$$\{\beta | \beta = k \cdot 360° + 130°, k \in \mathbf{Z}\}.$$

当 $k = -1$ 时，$-1 \times 360° + 130° = -230°$；

当 $k = 0$ 时，$0 \times 360° + 130° = 130°$；

当 $k = 1$ 时，$1 \times 360° + 130° = 490°$.

所以在 $-360° \sim 720°$ 范围内与 130°终边相同的角为：$-230°$，$130°$，$490°$.

课堂练习 5.1.1

1. 下列各角分别是第几象限的角？并写出下列各角与 0°～360°范围内的终边相同的一个角.

   $420°$，$\quad -25°$，$\quad -330°$，$\quad 1\,285°$，$\quad 450°$.

2. 写出终边重合于 y 轴正半轴和 y 轴负半轴的所有角的集合.

3. 写出与下列各角终边相同的角的集合，并指出在 $-360° \sim 720°$ 范围内的角.

   (1) $40°$；$\quad$ (2) $-120°$；$\quad$ (3) $610°$.

4. 若 α 是第 1 象限的角，那么 $\dfrac{\alpha}{2}$ 与 2α 分别是哪个象限的角？

5.1.3 角的度量

回顾 用度为单位度量角的制度称为角度制. 即把周角分成 360 等份，每一份称为 1 度的角，记作 1°. 在自然科学中还常常用另一种方法度量角的大小.

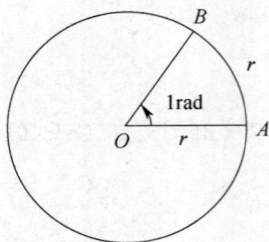

图 5 - 4

把长度等于半径的圆弧所对的圆心角叫做 1 弧度的角（如图 5-4 所示），记作 1rad 或 1 弧度. 以弧度为单位度量角的制度叫做弧度制.

规定　正角的弧度为正数，负角的弧度为负数，零角的弧度为零.

设圆的半径为 r，根据弧度的概念，弧长等于 l 的一段弧所对的圆心角的弧度数的大小是

$$|\alpha| = \frac{l}{r}（弧度）\tag{5.2}$$

特别地，半径为 r 的圆周所对圆心角的弧度数是

$$\frac{2\pi r}{r} = 2\pi.$$

由于周角等于 360°，从而得出：

$$360° = 2\pi（弧度），$$

即　　　　　　　$$180° = \pi（弧度）.$$

因此度与弧度的换算关系是：

$$1° = \frac{\pi}{180}（弧度）\approx 0.01745（弧度）\tag{5.3}$$

$$1（弧度）= \frac{180°}{\pi} \approx 57°18'\tag{5.4}$$

今后用弧度表示角的大小时，在不致产生误解的情况下，弧度单位可以省略，如 1rad，πrad 等可以分别写成 1，π.

例 3　将下列各角化为弧度.

(1) 30°;　　(2) 270°.

解　(1) $30° = 30 \times \frac{\pi}{180} = \frac{\pi}{6}$,

(2) $270° = 270 \times \frac{\pi}{180} = \frac{3\pi}{2}$.

例 4　将下列各角化为度.

(1) $\frac{7\pi}{6}$;　　(2) -2.1.

解　(1) $\frac{7\pi}{6} = \frac{7}{6} \times 180° = 210°$;

(2) $-2.1 = -2.1 \times \left(\frac{180}{\pi}\right)° = -\left(\frac{378}{\pi}\right)°$.

表 5-1 列出了特殊角的度数与弧度数的对应关系：

表 5 - 1

度	0°	30°	45°	60°	90°	180°	270°	360°
弧度	0	$\dfrac{\pi}{6}$	$\dfrac{\pi}{4}$	$\dfrac{\pi}{3}$	$\dfrac{\pi}{2}$	π	$\dfrac{3\pi}{2}$	2π

例 5　图 5-5 所示是公路的弯道部分，求公路弯道的长 l(单位：m，精确到 0.1m).

解　$60° = \dfrac{\pi}{3}$，由公式 $|\alpha| = \dfrac{l}{r}$，得

$$l = |\alpha|r = \dfrac{\pi}{3} \times 45 \approx 47.1 \text{(m)}.$$

所以公路弯道的长约为 47.1 m.

利用计算器进行度与弧度的转换

首先设置角度计算模式或弧度计算模式. 具体步骤是：

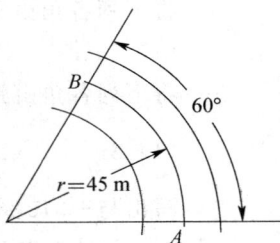

(1) $\boxed{\text{SHFIT}} \rightarrow \boxed{\text{MODE}} \rightarrow \boxed{3}$（角度制）或 $\boxed{4}$（弧度制）.

(2) 输入角度用 $\boxed{\circ\,'\,''}$ 键，如输入 $32°21'$，先输入 32，按 $\boxed{\circ\,'\,''}$，再输入 21，按 $\boxed{\circ\,'\,''}$，按 $\boxed{=}$，显示 $32°21'$；若再按 $\boxed{=}$，显示 32.35，表示 $32.35°$，再按 $\boxed{=}$，又复原.

(3) 利用 $\boxed{\text{Ans}}$ 键可以方便地进行度与弧度的转换. 由度转换为弧度时，将计算器设置为弧度状态，输入角度，并依次按键：$\boxed{\text{SHFIT}} \rightarrow \boxed{\text{Ans}} \rightarrow \boxed{1} \rightarrow \boxed{=}$；由弧度转换为度时，将计算器设置为角度状态，输入弧度，并依次按键：$\boxed{\text{SHFIT}} \rightarrow \boxed{\text{Ans}} \rightarrow \boxed{2} \rightarrow \boxed{=}$.

课堂练习 5.1.3

1️⃣ 将下列各角化为弧度：

　　$10°$；　$75°$；　$160°$；　$195°$；　$-270°$.

2️⃣ 将下列各角化为度：

　　$\dfrac{\pi}{6}$；　$\dfrac{\pi}{3}$；　$\dfrac{5\pi}{6}$；　$\dfrac{11\pi}{67}$；　$-\dfrac{7\pi}{4}$.

3️⃣ 电动机转子 1 分钟内旋转 100π 弧度，问转子每分钟旋转多少周？

4️⃣ 利用计算器进行度与弧度的转换.

　　(1) 将度转换为弧度.

　　　　$15.4°$；　$13°21'42''$；　$-391°$.

　　(2) 将弧度转换为度.

　　　　3.5π；　213；　$-\dfrac{4\pi}{11}$.

图 5 - 5

习题 5.1

1. 下列各角是哪个象限的角？并写出与下列各角终边相同的角的集合.

   (1) $175°$；　　(2) $-550°$；　　(3) $\dfrac{21\pi}{4}$；　　(4) $-\dfrac{\pi}{12}$.

2. 将下列各角由度转化为弧度：

   (1) $15°$；　　(2) $-380°$；　　(3) $100°30'$.

3. 将下列各角由弧度转化为度：

   (1) 3π；　　(2) 3.5；　　(3) $-\dfrac{\pi}{10}$.

4. 写出与 $-310°$ 终边相同的角的集合，并指出 $-360°\sim720°$ 范围内的角.

5. 已知一段公路的弯道半径是 $40\ \mathrm{m}$，弯道所对的圆心角是 $120°$，求该弯道的长度（精确到 $1\ \mathrm{m}$）.

5.2　任意角的三角函数

5.2.1　任意角的正弦函数、余弦函数和正切函数

回顾　我们已经学习了锐角三角函数的概念：设 α 是 $\mathrm{Rt}\triangle ABC$ 的一个锐角（图 $5-6$（1）所示），则

$$\sin\alpha=\frac{BC}{AB},\quad \cos\alpha=\frac{AC}{AB},\quad \tan\alpha=\frac{BC}{AC}.$$

现在将直角三角形 ABC 放置在直角坐标系中（图 $5-6$（2）所示），使点 A 重合于坐标原点，AC 边重合于 x 轴正半轴，则点 B 是角 α 终边上一点，设 $B(x,y)$，则点 B 到原点的距离 $r=\sqrt{x^2+y^2}$，于是角 α 的锐角三角函数又可以写成

$$\sin\alpha=\frac{y}{r},\quad \cos\alpha=\frac{x}{r},\quad \tan\alpha=\frac{y}{x}.$$

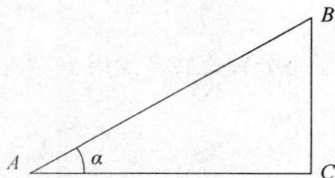

（1）

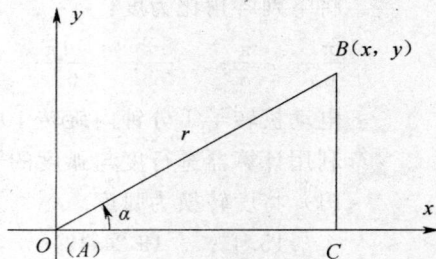

（2）

图 $5-6$

一般地，设 α 是任意一个角，它的终边为 OA（如图 5-7 所示）. 在角 α 的终边 OA 上任取一点 $P(x,y)$（不重合于原点），设它到原点的距离为 $r(r>0)$，即

$$r = \sqrt{x^2 + y^2}$$

图 5-7

则把比值 $\dfrac{y}{r}$、$\dfrac{x}{r}$、$\dfrac{y}{x}$ 分别叫做角 α 的正弦函数、余弦函数和正切函数. 即

$$\sin\alpha = \frac{y}{r}, \quad \cos\alpha = \frac{x}{r}, \quad \tan\alpha = \frac{y}{x}(x \neq 0). \qquad (5.5)$$

正弦函数、余弦函数和正切函数统称为三角函数.

从三角函数的概念看出，对于任意角 α，比值 $\dfrac{y}{r}$ 与 $\dfrac{x}{r}$ 始终有意义，因此正弦函数与余弦函数的定义域是 **R**；当角 α 的终边重合于 y 轴时，即 $\alpha = \dfrac{\pi}{2} + k\pi$，$k \in \mathbf{Z}$ 时，$x=0$，此时比值 $\dfrac{y}{x}$ 无意义，因此正切函数的定义域为 $\left\{\alpha \mid \alpha \neq \dfrac{\pi}{2} + k\pi, k \in \mathbf{Z}\right\}$.

例1 已知角 α 的终边上一点 $P(-4,-3)$，分别求 $\sin\alpha$、$\cos\alpha$ 与 $\tan\alpha$ 的值.

解 $r = \sqrt{(-4)^2 + (-3)^2} = 5$. 因此

$$\sin\alpha = \frac{-3}{5} = -\frac{3}{5}, \quad \cos\alpha = \frac{-4}{5} = -\frac{4}{5}, \quad \tan\alpha = \frac{-3}{-4} = \frac{3}{4}.$$

课堂练习 5.2.1

已知角 α 终边上的一点 P 的坐标如下，分别求角 α 的正弦、余弦、正切值：

(1) $P(4,-3)$；　　(2) $P(-2,1)$；　　(3) $P(\sqrt{3},0)$.

5.2.2　三角函数在各个象限的符号

由于 $r>0$，因此三角函数值的符号取决于点 P 的横坐标 x 和纵坐标 y 的正负.

当角 α 在第一象限时，$x>0$，$y>0$. 这时 $\dfrac{y}{r}>0$，$\dfrac{x}{r}>0$，$\dfrac{y}{x}>0$，即

$$\sin\alpha > 0, \quad \cos\alpha > 0, \quad \tan\alpha > 0;$$

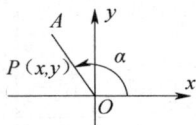

当角 α 在第二象限时，$x<0$，$y>0$. 这时 $\dfrac{y}{r}>0$，$\dfrac{x}{r}<0$，$\dfrac{y}{x}<0$，即

$$\sin\alpha > 0, \quad \cos\alpha < 0, \quad \tan\alpha < 0;$$

当角 α 在第三象限时，$x<0$，$y<0$. 这时 $\dfrac{y}{r}<0$，$\dfrac{x}{r}<0$，$\dfrac{y}{x}>0$，即

$$\sin\alpha < 0, \quad \cos\alpha < 0, \quad \tan\alpha > 0;$$

当角 α 在第四象限时，$x>0$，$y<0$. 这时 $\dfrac{y}{r}<0$，$\dfrac{x}{r}>0$，$\dfrac{y}{x}<0$，即

$$\sin\alpha < 0, \quad \cos\alpha > 0, \quad \tan\alpha < 0.$$

三角函数在各个象限的符号如图 5－8 所示.

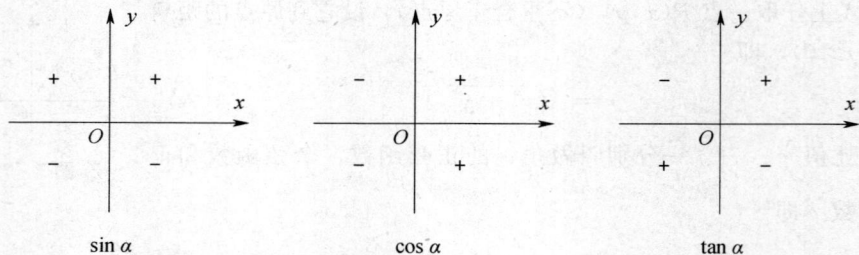

图 5－8

例 2 判断下列各角的各个三角函数值的正负.

(1) 1 280°；   (2) $-\dfrac{23\pi}{3}$.

解 (1) 因为 1 280°＝3×360°＋200°，所以 1 280°为第 3 象限的角，故

$$\sin 1\ 280° < 0, \quad \cos 1\ 280° < 0, \quad \tan 1\ 280° > 0.$$

(2) 因为 $-\dfrac{23\pi}{3}=-4\times 2\pi+\dfrac{\pi}{3}$，所以 $-\dfrac{23\pi}{3}$ 是第 1 象限的角，故

$$\sin\left(-\dfrac{23\pi}{3}\right) > 0, \quad \cos\left(-\dfrac{23\pi}{3}\right) > 0, \quad \tan\left(-\dfrac{23\pi}{3}\right) > 0.$$

课堂练习 5.2.2

用 "＞" "＜" 或 "＝" 填空：

$\sin\dfrac{\pi}{6}$＿＿＿0； $\cos\dfrac{\pi}{6}$＿＿＿0； $\tan\dfrac{\pi}{6}$＿＿＿0；

$\sin\dfrac{2\pi}{3}$＿＿＿0； $\cos\dfrac{2\pi}{3}$＿＿＿0； $\tan\dfrac{2\pi}{3}$＿＿＿0；

$\sin\dfrac{7\pi}{6}$＿＿＿0； $\cos\dfrac{7\pi}{6}$＿＿＿0； $\tan\dfrac{7\pi}{6}$＿＿＿0；

$\sin\left(-\dfrac{\pi}{3}\right)$＿＿＿0； $\cos\left(-\dfrac{\pi}{3}\right)$＿＿＿0； $\tan\left(-\dfrac{\pi}{3}\right)$＿＿＿0.

5.2.3 界限角的三角函数值

这里仅讨论 0°～360°范围内的界限角.

当 $\alpha=0°$ 时，角 α 的终边重合于 x 轴正半轴，此时对角 α 终边上任意一点（不重合于原点）$P(x,y)$，都有 $y=0$，$x=r$. 根据三角函数的意义，有

$$\sin 0°=\dfrac{y}{r}=\dfrac{0}{r}=0, \quad \cos 0°=\dfrac{x}{r}=\dfrac{r}{r}=1, \quad \tan 0°=\dfrac{y}{x}=\dfrac{0}{x}=0.$$

对于 90°，180°，270°，360°可以同样讨论. 现将 0°～360°范围内的界限角的三角函数值列表如表 5－2 所示：

表 5-2

三角函数	0°	90°	180°	270°	360°
$\sin\alpha$	0	1	0	-1	0
$\cos\alpha$	1	0	-1	0	1
$\tan\alpha$	0	不存在	0	不存在	0

例 3 求值:

(1) $\sin(-90°)$; (2) $\sin 90° - 3\cos 270° + \tan 0°\sin 360°$.

解 (1) 因为 $-90°$ 的终边重合于 y 轴负半轴,这时 $x=0$,$y=-r$. 所以

$$\sin(-90°) = \frac{y}{r} = \frac{-r}{r} = -1;$$

(2) $\sin 90° - 3\cos 270° + \tan 0°\sin 360° = 1 - 3\times 0 + 0\times 0 = 1.$

课堂练习 5.2.3

1 根据三角函数的意义,求下列各界限角的三角函数值:

(1) $\sin(-180°)$; (2) $\cos(-90°)$; (3) $\tan 5\pi$

2 求值:$\sin 270°\cos 0° + 2\cos 180° - \tan 180°$.

习题 5.2

1 用 ">" "<" 或 "=" 填空.

$\sin\left(-\dfrac{\pi}{3}\right)$____$0$; $\cos\dfrac{22\pi}{3}$____0; $\tan\pi$____0;

$\sin 90°$____0; $\cos\dfrac{3\pi}{2}$____0; $\tan(-100°)$____0.

2 已知角 α 的终边上一点 $P(-3,1)$,分别求 $\sin\alpha$,$\cos\alpha$ 与 $\tan\alpha$ 的值.

3 求值:$\dfrac{\sin 90°\cos 270° - \tan 0°}{\tan 180°\cos 180° + \sin 270° - \cos 360°}$.

4 若 $\sin\alpha > 0$,且 $\cos\alpha < 0$,试确定角 α 的象限.

5 设角 α 是第 1 象限的角,试确定 $\sin\dfrac{\alpha}{2}$,$\cos 2\alpha$ 的符号.

5.3 同角三角函数的基本关系

回顾 三角函数的概念

设点 $P(x,y)$ 是角 α 终边上任意一点,点 P 到原点的距离是 $r=\sqrt{x^2+y^2}$,则

$$\sin\alpha = \frac{y}{r}, \quad \cos\alpha = \frac{x}{r}, \quad \tan\alpha = \frac{y}{x}.$$

根据三角函数的概念

$$\sin^2\alpha + \cos^2\alpha = \left(\frac{y}{r}\right)^2 + \left(\frac{x}{r}\right)^2 = \frac{x^2+y^2}{r^2} = 1,$$

$$\frac{\sin \alpha}{\cos \alpha} = \frac{y}{r} \div \frac{x}{r} = \frac{y}{x} = \tan \alpha \left(\alpha \neq \frac{\pi}{2} + k\pi, k \in \mathbf{Z} \right)$$

即

$$\sin^2 \alpha + \cos^2 \alpha = 1 \tag{5.6}$$

$$\tan \alpha = \frac{\sin \alpha}{\cos \alpha}, \quad \left(\alpha \neq \frac{\pi}{2} + k\pi, k \in \mathbf{Z} \right) \tag{5.7}$$

公式(5.6)、公式(5.7)称为同角三角函数的基本关系,也称为基本三角恒等式. 利用它们可以由一个已知的三角函数值,求出其他各三角函数值.

例 1 已知 $\sin \alpha = \dfrac{3}{5}$,且 α 是第二象限的角,求 $\cos \alpha$ 与 $\tan \alpha$ 的值.

解 因为 $\sin^2 \alpha + \cos^2 \alpha = 1$,所以

$$\cos^2 \alpha = 1 - \sin^2 \alpha = 1 - \left(\frac{3}{5} \right)^2 = \frac{16}{25}.$$

由于 α 是第二象限的角,因此 $\cos \alpha < 0$,从而

$$\cos \alpha = -\sqrt{\frac{16}{25}} = -\frac{4}{5},$$

$$\tan \alpha = \frac{\sin \alpha}{\cos \alpha} = \frac{\dfrac{3}{5}}{-\dfrac{4}{5}} = -\frac{3}{4}.$$

例 2 已知 $\tan \alpha = 2$,求 $\dfrac{2\sin \alpha - 3\cos \alpha}{4\sin \alpha + \cos \alpha}$ 的值.

解 由 $\tan \alpha = 2$ 知 $\cos \alpha \neq 0$,所以

$$\frac{2\sin \alpha - 3\cos \alpha}{4\sin \alpha + \cos \alpha} = \frac{2\dfrac{\sin \alpha}{\cos \alpha} - 3\dfrac{\cos \alpha}{\cos \alpha}}{4\dfrac{\sin \alpha}{\cos \alpha} + \dfrac{\cos \alpha}{\cos \alpha}} = \frac{2\tan \alpha - 3}{4\tan \alpha + 1} = \frac{2 \times 2 - 3}{4 \times 2 + 1} = \frac{1}{9}$$

例 3 化简:$\sqrt{1 - \sin^2 \alpha}$(α 是第二象限的角).

解 因为 α 是第二象限的角,所以 $\cos \alpha < 0$,于是

$$\sqrt{1 - \sin^2 \alpha} = \sqrt{\cos^2 \alpha} = -\cos \alpha.$$

课堂练习 5.3

1 已知 $\cos \alpha = \dfrac{2}{5}$,且 α 是第 4 象限的角,求 $\sin \alpha$ 与 $\tan \alpha$ 的值.

2 已知 $\sin \alpha = -\dfrac{1}{3}$,且 α 是第 3 象限的角,求 $\cos \alpha$ 与 $\tan \alpha$ 的值.

3 已知 $\tan \alpha = 3$,求 $\dfrac{\sin \alpha - \cos \alpha}{\sin \alpha + \cos \alpha}$ 的值.

习题 5.3

1 已知 $\sin \alpha = \dfrac{5}{13}$,且 α 是第 2 象限的角,求 $\cos \alpha$ 与 $\tan \alpha$ 的值.

2 已知 $\cos\alpha=-\dfrac{1}{2}$，且 α 是第 3 象限的角，求 $\sin\alpha$ 与 $\tan\alpha$ 的值.

3 已知 $\sin\alpha=\dfrac{1}{3}$，求 $\cos\alpha$ 与 $\tan\alpha$ 的值.

4 化简：

*(1) $\sqrt{\dfrac{1}{\cos^2\alpha}-1}$（$\alpha$ 是第 2 象限的角）；

(2) $1-(\cos\alpha\tan\alpha)^2$.

5.4　三角函数的简化公式

5.4.1　终边相同的同名三角函数关系

三角函数值由角 α 的终边完全所确定. 由于 $390°$ 与 $30°$ 的终边相同，根据三角函数的意义，

$$\sin390°=\sin30°,\quad\cos390°=\cos30°,\quad\tan390°=\tan30°.$$

一般地，与角 α 终边相同的所有角可以表示为 $\alpha+2k\pi(k\in\mathbf{Z})$ 的形式，因此，对任意角 α，当 $k\in\mathbf{Z}$ 时，有

$$\begin{aligned}\sin(\alpha+2k\pi)&=\sin\alpha\\\cos(\alpha+2k\pi)&=\cos\alpha\\\tan(\alpha+2k\pi)&=\tan\alpha\end{aligned}\qquad(5.8)$$

即终边相同的同名三角函数值相等. 利用公式（5.8）可以把任意角的三角函数转化为 $0°\sim360°$ 范围内的同名三角函数.

例1 求下列各三角函数值.

(1) $\sin\dfrac{7\pi}{3}$；　(2) $\cos\dfrac{9\pi}{4}$；　(3) $\tan\left(-\dfrac{11\pi}{6}\right)$.

解 (1) $\sin\dfrac{7\pi}{3}=\sin\left(\dfrac{\pi}{3}+2\pi\right)=\sin\dfrac{\pi}{3}=\dfrac{\sqrt{3}}{2}$；

(2) $\cos\dfrac{17\pi}{4}=\cos\left(\dfrac{\pi}{4}+4\pi\right)=\cos\dfrac{\pi}{4}=\dfrac{\sqrt{2}}{2}$；

(3) $\tan\left(-\dfrac{11\pi}{6}\right)=\tan\left(\dfrac{\pi}{6}-2\pi\right)=\tan\dfrac{\pi}{6}=\dfrac{\sqrt{3}}{3}$.

课堂练习 5.4.1

求下列各三角函数值.

(1) $\sin\dfrac{13\pi}{3}$；　(2) $\cos\left(-\dfrac{7\pi}{4}\right)$；　(3) $\tan1\,110°$.

5.4.2 −α 与 α 的同名三角函数关系

为了讨论问题的方便，我们先引入"单位圆"的概念.

在直角坐标系中，以原点为圆心，半径为 1 的圆叫做单位圆. 设角 α 的终边与单位圆相交于点 P（如图 5−9 所示），根据三角函数的意义，点 P 的坐标为 $(\cos\alpha, \sin\alpha)$.

如图 5−10 所示，30°角与−30°角的终边关于 x 轴对称，设它们的终边分别与单位圆交于点 P、P'，根据单位圆的概念，$P(\cos 30°, \sin 30°)$、$P'(\cos(-30°), \sin(-30°))$，由于点 P、P' 关于 x 轴对称，所以

$$\sin(-30°) = -\sin 30°, \quad \cos(-30°) = \cos 30°.$$

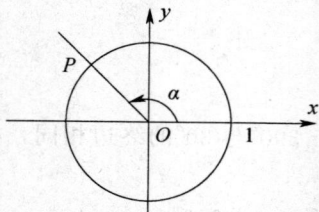

图 5−9

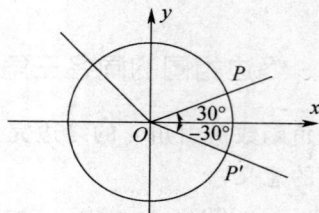

图 5−10

根据三角恒等式，$\tan(-30°) = \dfrac{\sin(-30°)}{\cos(-30°)} = \dfrac{-\sin 30°}{\cos 30°} = -\tan 30°.$

一般地，设任意角 α 与 $-\alpha$ 分别交单位圆于点 P，P'，则 P 点坐标为 $(\cos\alpha, \sin\alpha)$，P' 坐标为 $(\cos(-\alpha), \sin(-\alpha))$，由于点 P、P' 关于 x 轴对称，所以

$$\sin(-\alpha) = -\sin\alpha, \quad \cos(-\alpha) = \cos\alpha.$$

根据三角恒等式 $\tan(-\alpha) = \dfrac{\sin(-\alpha)}{\cos(-\alpha)} = \dfrac{-\sin\alpha}{\cos\alpha} = -\tan\alpha.$

于是得到

$$\begin{array}{l} \sin(-\alpha) = -\sin\alpha \\ \cos(-\alpha) = \cos\alpha \\ \tan(-\alpha) = -\tan\alpha \end{array} \tag{5.9}$$

利用公式（5.9），可以将负角的三角函数转化为正角的同名三角函数.

例 2 求 $-\dfrac{\pi}{4}$ 的正弦、余弦、正切函数值.

解 $\sin\left(-\dfrac{\pi}{4}\right) = -\sin\dfrac{\pi}{4} = -\dfrac{\sqrt{2}}{2};$

$\cos\left(-\dfrac{\pi}{4}\right) = \cos\dfrac{\pi}{4} = \dfrac{\sqrt{2}}{2};$

$\tan\left(-\dfrac{\pi}{4}\right) = -\tan\dfrac{\pi}{4} = -1.$

课堂练习 5.4.2

求下列各三角函数值.

(1) $\sin\left(-\dfrac{\pi}{6}\right)$;　　(2) $\cos\left(-\dfrac{7\pi}{3}\right)$;　　(3) $\tan(-390°)$.

5.4.3　180°±α 与 α 的同名三角函数关系

问题　如图 5-11 所示，角 30°与 180°+30°的终边关于原点对称，它们的同名三角函数值有什么关系？

设 30°角与 180°+30°角的终边分别与单位圆相交于点 P，P'，则点 P，P' 关于原点对称，根据单位圆的概念，点 P 的坐标为 ($\cos 30°$，$\sin 30°$)，点 P' 的坐标为 $(\cos(180°+30°),\sin(180°+30°))$，于是

$$\sin(180°+30°)=-\sin 30°,\cos(180°+30°)=-\cos 30°,$$

根据三角恒等式，$\tan(180°+30°)=\dfrac{\sin(180°+30°)}{\cos(180°+30°)}=$

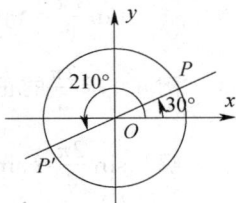

图 5-11

$\dfrac{-\sin 30°}{-\cos 30°}=\tan 30°.$

一般地，设任意角 α 的终边与 180°+α 的终边分别于单位圆相交于点 P，P'，则点 P，P' 的坐标分别为 ($\cos\alpha,\sin\alpha$)，($\cos(180°+\alpha),\sin(180°+\alpha)$)，由于点 P、P' 关于原点对称，所以

$$\sin(180°+\alpha)=-\sin\alpha,\quad \cos(180°+\alpha)=-\cos\alpha,$$

由同角三角函数的关系

$$\tan(180°+\alpha)=\frac{\sin(180°+\alpha)}{\cos(180°+\alpha)}=\frac{-\sin\alpha}{-\cos\alpha}=\tan\alpha.$$

于是得到

$$\sin(180°+\alpha)=-\sin\alpha$$
$$\cos(180°+\alpha)=-\cos\alpha \qquad (5.10)$$
$$\tan(180°+\alpha)=\tan\alpha$$

因为 180°−α=180°+(−α)，根据公式 (5.9)，公式 (5.10)，有

$$\sin(180°-\alpha)=\sin(180°+(-\alpha))=-\sin(-\alpha)=\sin\alpha,$$

即

$$\sin(180°-\alpha)=\sin\alpha.$$

类似地可推出 $\cos(180°-\alpha)=-\cos\alpha$，$\tan(180°-\alpha)=-\tan\alpha$.

于是得到

$$\sin(180°-\alpha)=\sin\alpha$$
$$\cos(180°-\alpha)=-\cos\alpha \qquad (5.11)$$
$$\tan(180°-\alpha)=-\tan\alpha$$

公式 (5.8)～公式 (5.11) 统称为三角函数的简化公式，也叫做诱导公式.

利用这组公式可以将任意角的三角函数转化为锐角的同名三角函数.

例3 求 $\dfrac{7\pi}{6}$ 的正弦、余弦、正切值.

解 $\sin \dfrac{7\pi}{6} = \sin\left(\pi + \dfrac{\pi}{6}\right) = -\sin \dfrac{\pi}{6} = -\dfrac{1}{2}$;

$\cos \dfrac{7\pi}{6} = \cos\left(\pi + \dfrac{\pi}{6}\right) = -\cos \dfrac{\pi}{6} = -\dfrac{\sqrt{3}}{2}$;

$\tan \dfrac{7\pi}{6} = \tan\left(\pi + \dfrac{\pi}{6}\right) = \tan \dfrac{\pi}{6} = \dfrac{\sqrt{3}}{3}$.

例4 求 $\dfrac{2\pi}{3}$ 的正弦、余弦、正切.

解 $\sin \dfrac{2\pi}{3} = \sin\left(\pi - \dfrac{\pi}{3}\right) = \sin \dfrac{\pi}{3} = \dfrac{\sqrt{3}}{2}$;

$\cos \dfrac{2\pi}{3} = \cos\left(\pi - \dfrac{\pi}{3}\right) = -\cos \dfrac{\pi}{3} = -\dfrac{1}{2}$;

$\tan \dfrac{2\pi}{3} = \tan\left(\pi - \dfrac{\pi}{3}\right) = -\tan \dfrac{\pi}{3} = -\sqrt{3}$.

利用诱导公式求任意角的三角函数时,通常先把负角的三角函数转化为正角的三角函数;其次把角度大于 2π 的三角函数转化为 $0\sim 2\pi$ 间的三角函数;再把 $0\sim 2\pi$ 间的三角函数转化为锐角三角函数;最后求出三角函数值.

例5 求 $\cos\left(-\dfrac{23\pi}{4}\right)$ 的值.

解 $\cos\left(-\dfrac{23\pi}{4}\right) = \cos \dfrac{23\pi}{4}$

$= \cos\left(6\pi - \dfrac{\pi}{4}\right)$

$= \cos\left(-\dfrac{\pi}{4}\right) = \cos \dfrac{\pi}{4} = \dfrac{\sqrt{2}}{2}$.

利用计算器计算任意角的三角函数值

设置角度模式或弧度模式,利用 $\boxed{\sin}$,$\boxed{\cos}$,$\boxed{\tan}$ 键进行计算,具体步骤是:

$\boxed{\sin}$(或 $\boxed{\cos}$、$\boxed{\tan}$)→ 输入角度 → $\boxed{=}$.

课堂练习 5.4.3

1 求下列各角的正弦、余弦、正切值:

$\dfrac{4\pi}{3}$; $-\dfrac{21\pi}{4}$; $-\dfrac{\pi}{3}$; $\dfrac{13\pi}{4}$.

2 求下列各三角函数值:

(1) $\sin \dfrac{29\pi}{6}$;   (2) $\cos\left(-\dfrac{23\pi}{3}\right)$;   (3) $\tan \dfrac{16\pi}{3}$.

3 利用计数器求下列三角函数值：

(1) $\cos 15°41'$；　(2) $\sin 471°$；　　　(3) $\tan\left(-\dfrac{13\pi}{4}\right)$.

习题 5.4

1 求下列各三角函数值：

$$\sin\left(-\dfrac{5\pi}{3}\right)；\qquad \cos\dfrac{37\pi}{6}；\qquad\qquad \tan\left(-\dfrac{21\pi}{4}\right)；$$

$$\sin 240°；\qquad\quad \cos(-585°)；\qquad\quad \tan 120°.$$

2 计算：

(1) $\sqrt{1-\cos^2 945°}$；

(2) $2\sin^2 225°-\cos 330°$.

3 化简：$\dfrac{\sin(\pi-\alpha)\cos(\alpha-\pi)\tan(2\pi-\alpha)}{\sin(\pi+\alpha)}$.

5.5　三角函数的图像和性质

5.5.1　正弦函数的图像和性质

　　本章一开始我们就提到自然界中的许多现象是呈周期性变化的，三角函数是描述这些周期性现象的数学工具.

　　如果函数 $y=f(x)$ 对定义域内的所有取值，自变量 x 每经过同样的间隔 T，函数值都相等，即 $f(x+T)=f(x)$，则函数 $y=f(x)$ 叫做周期函数，间隔 T 叫做函数的一个周期.

　　根据公式（5.8），$\sin(\alpha+2k\pi)=\sin\alpha(\alpha\in R,k\in \mathbf{Z})$，因此正弦函数是周期函数，并且 $\pm 2\pi$，$\pm 4\pi$，…都是它的周期. 把所有周期中的最小正数叫做函数的最小正周期. 通常所说函数的周期就是指最小正周期. 因此正弦函数的周期是 2π.

　　根据正弦函数的周期性，在长度为 2π 的区间（如 $[-2\pi,0]$、$[0,2\pi]$ 等）上，正弦函数的图像都相同，因此，下面我们只需要作出正弦函数在一个周期区间 $[0,2\pi]$ 上的图像，然后将图像向左、右每隔 2π 单位平移，就可以作出正弦函数在整个定义域上的图像.

　　将区间 $[0,2\pi]$ 8等份，分别求出各分点及区间端点的函数值，如表 5-3 所示.

表 5-3

x	0	$\dfrac{\pi}{4}$	$\dfrac{\pi}{2}$	$\dfrac{3\pi}{4}$	π	$\dfrac{5\pi}{4}$	$\dfrac{3\pi}{2}$	$\dfrac{7\pi}{4}$	2π
$\sin x$	0	$\dfrac{\sqrt{2}}{2}$	1	$\dfrac{\sqrt{2}}{2}$	0	$-\dfrac{\sqrt{2}}{2}$	-1	$-\dfrac{\sqrt{2}}{2}$	0

描点，光滑连接，得到 $y=\sin x$ 在区间 $[0,2\pi]$ 上的图像（如图 5-12 所示）。

根据正弦函数的周期性，将函数 $y=\sin x$ 在区间 $[0,2\pi]$ 上的图像向左、右每隔 2π 单位平移，就得到函数 $y=\sin x$ 在定义域 **R** 上的图像（如图 5-13 所示）。

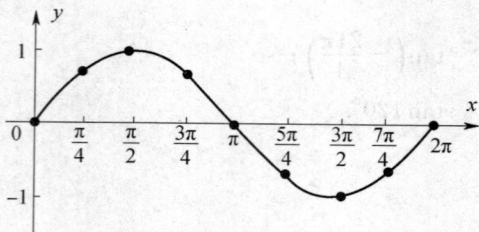

图 5-12

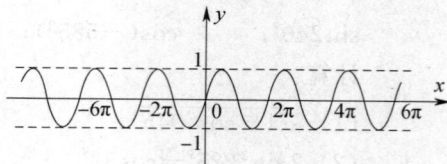

图 5-13

正弦函数 $y=\sin x$ 在定义域 **R** 上的图像叫做正弦曲线。

从图 5-12 可以观察到正弦曲线关于原点对称，因此正弦函数是奇函数；正弦曲线介于两条平行于 x 轴的直线 $x=1$ 与 $x=-1$ 之间，即 $-1\leqslant\sin x\leqslant1$.

正弦函数 $y=\sin x$ 在定义域 **R** 上有下列性质：

(1) 最大值是 1，即 $y_{\max}=1$；最小值是 -1，即 $y_{\min}=-1$. 值域：$[1,-1]$.

(2) 正弦函数是周期为 2π 的周期函数；

(3) 正弦函数是奇函数；

(4) 在区间 $[0,2\pi]$ 范围内，在区间 $\left[0,\dfrac{\pi}{2}\right]$，$\left[\dfrac{3\pi}{2},2\pi\right]$ 上正弦函数都是增函数；在区间 $\left[\dfrac{\pi}{2},\dfrac{3\pi}{2}\right]$ 上，正弦函数是减函数。

观察正弦函数 $y=\sin x$ 在 $[0,2\pi]$ 上的图像（图 5-11）发现，下列五个点：

$$(0,0),\quad \left(\dfrac{\pi}{2},1\right),\quad (\pi,0),\quad \left(\dfrac{3\pi}{2},-1\right),\quad (2\pi,0),$$

是决定函数图像特征的关键点。因此，在精确度要求不高时，通常先描出这五个关键点，再光滑连接，便会得到正弦函数在 $[0,2\pi]$ 上的简图。习惯上称这种作图方法为"五点法"。

例 1 用"五点法"作出函数 $y=1-\sin x$ 在 $[0,2\pi]$ 上的图像。

解 列表（如表 5-4 所示）。

表 5-4

x	0	$\dfrac{\pi}{2}$	π	$\dfrac{3\pi}{2}$	2π
$\sin x$	0	1	0	-1	0
$y=1-\sin x$	1	0	1	2	1

描点，光滑连接，得到函数 $y=1-\sin x$ 在 $[0,2\pi]$ 上的图像（图 5-14）.

例 2 已知 $\sin x=1-a$，求 a 的取值范围.

解 因为 $-1\leqslant\sin x\leqslant 1$，所以

$$-1\leqslant 1-a\leqslant 1,$$

解得

$$0\leqslant a\leqslant 2.$$

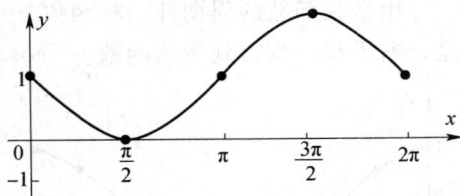

图 5-14

例 3 不求函数值，比较 $\sin 100°$ 与 $\sin 130°$ 的大小.

解 因为 $y=\sin x$ 在 $[90°,270°]$ 上是减函数，$90°<100°<130°<270°$，所以

$$\sin 100° > \sin 130°.$$

例 4 已知 $\sin\alpha=\dfrac{1}{2}$，试求 $[0,2\pi]$ 范围内的 α 的值.

解 因为 $\sin\alpha=\dfrac{1}{2}>0$，因此角 α 在第 1 或第 2 象限.

因为 $\sin 30°=\dfrac{1}{2}$，$\sin(180°-30°)=\sin 30°=\dfrac{1}{2}$，因此 $[0,2\pi]$ 范围内的 α 的值为 $\alpha_1=30°$，$\alpha_2=180°-30°=150°$.

课堂练习 5.5.1

1 用"五点法"作出函数 $y=-\sin x$ 在 $[0,2\pi]$ 上的图像.

2 已知 $\sin x=a-1$，求 a 的取值范围.

3 不求函数值，比较 $\sin\dfrac{\pi}{7}$ 与 $\sin\dfrac{\pi}{10}$ 的大小.

4 已知 $\sin\alpha=\dfrac{\sqrt{2}}{2}$，试求 $[0,2\pi]$ 范围内的 α 的值.

5.5.2 余弦函数的图像和性质

余弦函数的定义域是 **R**，由公式（5.8）知，$\cos(\alpha+2k\pi)=\cos\alpha(\alpha\in\mathbf{R},k\in\mathbf{Z})$. 因此，余弦函数是周期为 2π 的周期函数.

作出余弦函数 $y=\cos x$ 在 $[0,2\pi]$ 上的图像，根据图像观察函数的性质.

列表（如表 5-5 所示）：

表 5-5

x	0	$\dfrac{\pi}{4}$	$\dfrac{\pi}{2}$	$\dfrac{3\pi}{4}$	π	$\dfrac{5\pi}{4}$	$\dfrac{3\pi}{2}$	$\dfrac{7\pi}{4}$	2π
$\cos x$	1	$\dfrac{\sqrt{2}}{2}$	0	$-\dfrac{\sqrt{2}}{2}$	-1	$-\dfrac{\sqrt{2}}{2}$	0	$\dfrac{\sqrt{2}}{2}$	1

描点，光滑连接，得到函数 $y=\cos x$ 在 $[0,2\pi]$ 上的图像（如图 5-15 所示）.

由余弦函数的周期性，将函数 $y=\cos x$ 在 $[0,2\pi]$ 上的图像每隔 2π 单位向左、右平移，就得到余弦函数 $y=\cos x$ 在定义域 **R** 上的图像（如图 5-16 所示）.

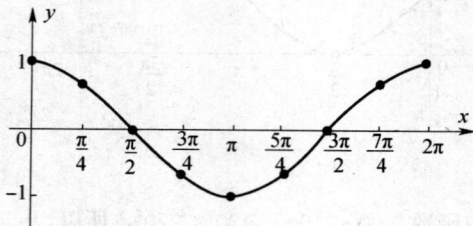

图 5-15

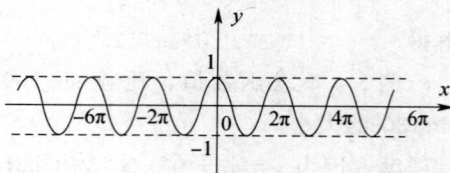

图 5-16

余弦函数 $y=\cos x$ 在定义域 **R** 上的图像叫做余弦曲线.

从图 5-15 可以看到，余弦曲线关于 y 轴对称，因此余弦函数是偶函数；余弦曲线介于平行于 x 轴的直线 $x=1$ 与 $x=-1$ 之间，即 $-1 \leqslant \cos x \leqslant 1$.

综合上述观察，我们得出 $y=\cos x$ 在定义域 **R** 上主要有下列性质：

（1）最大值是 1，即 $y_{max}=1$；最小值是 -1，即 $y_{min}=1$. 值域：$[-1,1]$.

（2）余弦函数是周期为 2π 的周期函数.

（3）余弦函数是偶函数.

（4）在区间 $[0,2\pi]$ 范围内，在区间 $[0,\pi]$ 上余弦函数是减函数，在 $[\pi,2\pi]$ 上余弦函数是增函数.

例 4　用"五点法"作出函数 $y=-\cos x$ 在 $[0,2\pi]$ 上的图像.

解　列表（5-6 所示）：

表 5-6

x	0	$\dfrac{\pi}{2}$	π	$\dfrac{3\pi}{2}$	2π
$\cos x$	1	0	-1	0	1
$y=-\cos x$	-1	0	1	0	-1

描点，光滑连接，得到函数 $y=-\cos x$ 在 $[0,2\pi]$ 上的图像（图 5-17）.

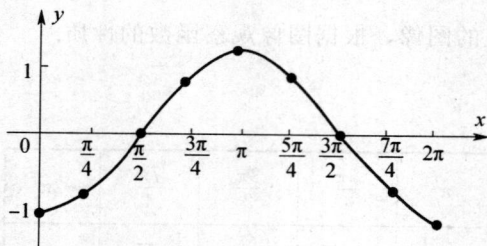

图 5-17

例 5　比较 $\cos\dfrac{\pi}{7}$ 与 $\cos\dfrac{\pi}{10}$ 的大小.

解　因为

$$0 < \frac{\pi}{10} < \frac{\pi}{7} < \pi,$$

并且 $y=\cos x$ 在 $[0,\pi]$ 上是减函数，所以

$$\cos \frac{\pi}{10} > \cos \frac{\pi}{7}.$$

例 6 已知 $\cos\alpha=-\dfrac{\sqrt{2}}{2}$，试求 $[0,2\pi]$ 范围内的 α 的值.

解 因为 $\cos\alpha=-\dfrac{\sqrt{2}}{2}<0$，因此角 α 在第 2 或第 3 象限.

因为 $\cos(180°-45°)=-\cos45°=-\dfrac{\sqrt{2}}{2}$，$\cos(180°+45°)=-\cos45°=-\dfrac{\sqrt{2}}{2}$，

因此在 $[0,2\pi]$ 范围内的 α 的值为 $\alpha_1=180°-45°=135°$，$\alpha_2=180°+45°=225°$.

课堂练习 5.5.2

1. 用"五点法"作出函数 $y=1-\cos x$ 在 $[0,2\pi]$ 上的图像.

2. 比较下列各组余弦值的大小：

(1) $\cos\dfrac{\pi}{7}$ 与 $\cos\dfrac{\pi}{5}$；　　(2) $\cos190°$ 与 $\cos200°$.

3. 已知 $\cos x=\dfrac{1}{a}$，求实数 a 的范围.

4. 已知 $\cos\alpha=\dfrac{1}{2}$，试求 $[0,2\pi]$ 范围内的 α 的值.

习题 5.5

1. 填空：

(1) 在 $[0,2\pi]$ 上，$y=\sin x$ 的递增区间是_____，递减区间是____；

(2) 在 $[0,2\pi]$ 上，$y=\cos x$ 的递增区间是____，递减区间是____；

(3) 正弦函数的图像关于____对称，余弦函数的图像关于____对称；

(4) 函数 $y=1-2\cos x$ 的最大值是____，最小值是____；

(5) 用（＞、＜或＝）连接：

$$\sin\dfrac{\pi}{7}\underline{\quad}\sin\dfrac{\pi}{10},\ \cos95°\underline{\quad}\cos100°.$$

2. 用"五点法"作出函数 $y=1+\sin x$ 在 $[0,2\pi]$ 上的图像.

3. 用"五点法"作出函数 $y=2\cos x$ 在 $[0,2\pi]$ 上的图像.

4. 已知 $\sin x=\dfrac{1}{a-1}$，求实数 a 的范围.

5. 已知角 α 的三角函数值，在 $[0,2\pi]$ 范围内求角 α 的值.

(1) $\sin\alpha=\dfrac{\sqrt{3}}{2}$；　　(2) $\cos\alpha=-\dfrac{1}{2}$.

5.6　已知三角函数值，利用计算器求角

笔算只能求出三角函数值是特殊值时的角度，前面我们已经利用计算器可以求出任意角的三角函数值，反过来，对于三角函数值域范围内的任意值，利用计

算器也可以方便的求出指定范围内的角.

5.6.1　已知正弦函数值求角

已知正弦函数值，利用计算器只能求出$-90°\sim90°\left(\text{或}-\dfrac{\pi}{2}\sim\dfrac{\pi}{2}\right)$范围内的角. 具体步骤是：设定好计算模式后，顺次按键 $\boxed{\text{SHIFT}}\rightarrow\boxed{\sin}\rightarrow$输入正弦函数值$\rightarrow\boxed{=}$.

如果要求$-90°\sim90°$范围以外指定的角，还需要利用诱导公式.

例1　已知 $\sin\alpha=-0.4$，求 $0°\sim360°$范围内的角 α. （精确到 $0.01°$）

解　按上述步骤求得 $\alpha=-23.58°$.

由于 $\sin\alpha=-0.4<0$，因此 α 在第 3 或第 4 象限.

因为 $\sin(180°-(-23.58°))=\sin(-23.58°)=-0.4$，所以
$$\alpha_1=180°-(-23.58°)=203.58°.$$

因为 $\sin(360°+(-23.58°))=\sin(-23.58°)=-0.4$，所以
$$\alpha_2=360°+(-23.58°)=236.42°.$$

故所求范围内的角 α 的值是 $203.58°$和 $236.42°$.

课堂练习 5.6.1

1 已知 $\sin\alpha=0.34$，求 $0°\sim360°$范围内的角 α（精确到 $0.01°$）.

2 已知 $\sin\alpha=-0.21$，求 $0°\sim360°$范围内的角 α（精确到 $0.01°$）.

5.6.2　已知余弦函数值求角

已知余弦函数值，利用计算器只能求出 $0°\sim180°$（或 $0\sim\pi$） 范围内的角. 具体步骤是：设定计算模式后，顺次按键 $\boxed{\text{SHIFT}}\rightarrow\boxed{\cos}\rightarrow$输入余弦函数值$\rightarrow\boxed{=}$.

如果要求 $0°\sim180°$范围以外指定的角，需要利用诱导公式.

例2　已知 $\cos\alpha=0.4$，求 $0°\sim360°$范围内的角 α（精确到 $0.01°$）.

解　由于 $\cos\alpha=0.4>0$，因此 α 在第 1 或第 4 象限.

根据上述计算步骤求得 $\alpha=66.42°$.

因为 $\cos(360°-66.42°)=\cos66.42°=0.4$，所以
$$\alpha_1=360°-66.42°=293.58°.$$

因此所求范围内的角 α 的值是 $66.42°$和 $293.58°$.

课堂练习 5.6.2

1 已知 $\cos\alpha=0.65$，求 $0°\sim360°$范围内的角 α（精确到 $0.01°$）.

2 已知 $\cos\alpha=-0.91$，求 $0°\sim360°$范围内的角 α（精确到 $0.01°$）.

5.6.3　已知正切函数值求角

已知正切函数值，利用计算器只能求出 $-90°\sim90°\left(\text{或}-\dfrac{\pi}{2}\sim\dfrac{\pi}{2}\right)$范围内的角. 具

体步骤是：设定好计算模式后，顺次按键 $\boxed{\text{SHIFT}} \rightarrow \boxed{\tan} \rightarrow$ 输入正切函数值 $\rightarrow \boxed{=}$.

如果要求 $-90°\sim90°$ 范围以外指定的角，需要利用诱导公式.

例 3 已知 $\tan\alpha=-0.4$，求 $0°\sim360°$ 范围内的角 α.

解 根据上述计算步骤求得 $\alpha=-21.80°$.

由于 $\tan\alpha=-0.4<0$，因此角 α 在第 2 或第 4 象限.

因为 $\tan(180°+(-21.80°))=\tan(-21.80°)=-0.4$，所以

$$\alpha_1=180°-21.80°=158.20°.$$

因为 $\tan(360°+(-21.80°))=\tan(-21.80°)=-0.4$，所以

$$\alpha_2=360°-21.80°=338.20°.$$

故所求范围内的角 α 的值是 $158.20°$ 和 $338.20°$.

课堂练习 5.6.3

1️⃣ 已知 $\tan\alpha=6.5$，求 $0°\sim360°$ 范围内的角 α（精确到 $0.01°$）.

2️⃣ 已知 $\tan\alpha=-2$，求 $0°\sim360°$ 范围内的角 α（精确到 $0.01°$）.

习题 5.6

1️⃣ 已知 $\sin\alpha=0.6$，求 $0°\sim360°$ 范围内的角 α（精确到 $0.01°$）.

2️⃣ 已知 $\cos\alpha=-0.27$，求 $0°\sim360°$ 范围内的角 α（精确到 $1'$）.

3️⃣ 已知 $\tan\alpha=-0.5$，求 $0°\sim360°$ 范围内的角 α（精确到 $0.01°$）.

4️⃣ 已知 $\cos\alpha=0.1$，求 $-\pi\sim\pi$ 范围内的角 α（精确到 0.01）.

知识延拓　三角函数的周期变换

我们知道，正弦函数 $y=\sin x$，余弦函数 $y=\cos x$ 的周期都是 2π，那么函数 $y=\sin 2x$ 与 $y=\sin\dfrac{1}{2}x$ 是周期函数吗？如果是，它们的周期又多少？

根据诱导公式，$\sin 2(x+\pi)=\sin(2x+2\pi)=\sin 2x$，

$$\sin\frac{1}{2}(x+4\pi)=\sin\left(\frac{1}{2}x+2\pi\right)=\sin\frac{1}{2}x.$$

由三角函数的周期性，函数 $y=\sin 2x$ 是周期为 π 的周期函数，函数 $y=\sin\dfrac{1}{2}x$ 是周期为 4π 的周期函数.

一般地，函数 $y=\sin\omega x(\omega>0)$ 是周期函数，周期为：$T=\dfrac{2\pi}{\omega}$.

在同一坐标系上用"五点法"分别作出函数 $y=\sin x$，$y=\sin 2x$ 与 $y=\sin\dfrac{1}{2}x$ 在一个周期区间上的图像（如图 5-18 所示）. 可以看到 $y=\sin 2x$ 的图像是由 $y=\sin x$ 的图像纵坐标不变，周期缩小到原来的 $\dfrac{1}{2}$ 而形成的；$y=\sin\dfrac{1}{2}x$ 的图像是由 $y=\sin x$ 的图像纵坐标不变，周期扩大到原来的 2 倍而形成的.

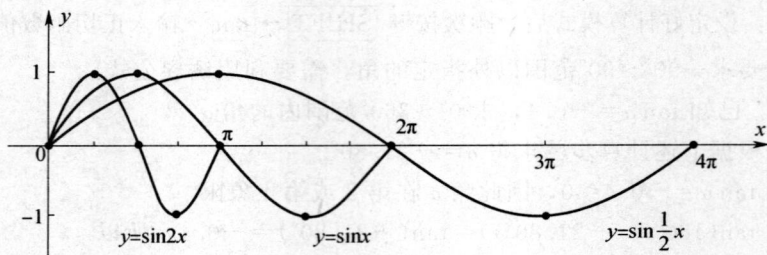

图 5 - 18

一般地，函数 $y = \sin \omega x (\omega > 0)$ 的图像可以由 $y = \sin x$ 的图像纵坐标不变，周期扩大（$0 < \omega < 1$）或缩小（$\omega > 1$）到原来的 $\dfrac{1}{\omega}$ 而形成.

本章小结

本章主要内容：

（1）角的概念的推广及度量：任意角、界限角、终边相同的角、弧度制；

（2）任意角的三角函数：三角函数的概念、三角函数在各象限的符号、界限角的三角函数值；

（3）同角三角函数的基本关系；

（4）三角函数的简化公式；

（5）正弦函数、余弦函数的图像和性质；

（6）已知三角函数值，利用计算器求角.

一、任意角

1. 任意角的概念

正角：按逆时针方向旋转所形成的角.

负角：按顺时针方向旋转所形成的角.

零角：射线没有开始旋转时，也认为形成了一个角，这个角叫做零角.

规定了正角、负角、零角以后，角就变成了任意角.

2. 角的象限

角的终边落在第几象限，这个角就叫做第几象限的角. 当角的终边落在坐标轴上时，这个角不属于任何象限，叫做界限角.

3. 终边相同的角

与角 α 终边相同的所有角可以表示为：$k \cdot 360° + \alpha (k \in \mathbf{Z})$. 与角 α 终边相同的角的集合为

$$\{\beta \mid \beta = k \cdot 360° + \alpha, k \in \mathbf{Z}\}.$$

4. 弧度制

规定：把等于半径长的圆弧所对的圆心角叫做1弧度的角.

圆心角公式：$$|\alpha| = \frac{l}{r} \text{（弧度）}.$$

其中，r 为圆的半径，l 为弧长，α 是圆心角（用弧度表示）.

弧度与度地换算关系：$180° = \pi$.

二、任意角的三角函数

1. 任意角的三角函数的概念

设 $P(x, y)$ 是任意角 α 终边上一点，它到原点的距离为 $r = \sqrt{x^2 + y^2}$. 规定：

$$\sin\alpha = \frac{y}{r}, \quad \cos\alpha = \frac{x}{r}, \quad \tan\alpha = \frac{y}{x}.$$

分别叫做角 α 的正弦函数、余弦函数和正切函数. 正弦函数与余弦函数的定义域都是 R，正切函数的定义域是 $\{\alpha | \alpha \neq \frac{\pi}{2} + k\pi, k \in \mathbf{Z}\}$. 把它们统称为三角函数.

2. 三角函数的符号

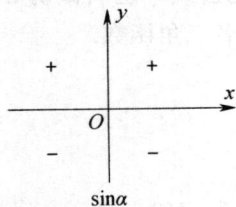

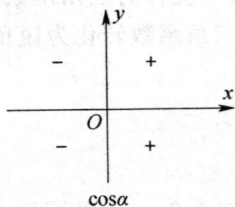

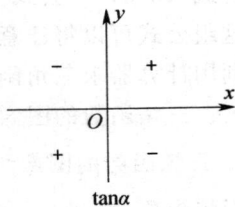

3. 界限角的三角函数值

三角函数	0°	90°	180°	270°	360°
$\sin\alpha$	0	1	0	−1	0
$\cos\alpha$	1	0	−1	0	1
$\tan\alpha$	0	不存在	0	不存在	0

三、同角三角函数的基本关系

$$\sin^2\alpha + \cos^2\alpha = 1,$$

$$\tan\alpha = \frac{\sin\alpha}{\cos\alpha}, \quad \alpha \neq \frac{\pi}{2} + k\pi, \quad k \in \mathbf{Z}.$$

利用这组公式可以由一个已知的三角函数值，求出其他各三角函数值.

四、三角函数的简化公式

1. 终边相同的同名三角函数关系

$$\sin(\alpha + 2k\pi) = \sin\alpha$$

$$\cos(\alpha + 2k\pi) = \cos\alpha \qquad (5.8)$$
$$\tan(\alpha + 2k\pi) = \tan\alpha$$

2. $-\alpha$ 与 α 的同名三角函数关系

$$\sin(-\alpha) = \sin\alpha$$
$$\cos(-\alpha) = -\cos\alpha \qquad (5.9)$$
$$\tan(-\alpha) = -\tan\alpha$$

3. $180°+\alpha$ 与 α 的同名三角函数关系

$$\sin(180°+\alpha) = -\sin\alpha$$
$$\cos(180°+\alpha) = -\cos\alpha \qquad (5.10)$$
$$\tan(180°+\alpha) = \tan\alpha$$

4. $180°-\alpha$ 与 α 的同名三角函数关系

$$\sin(180°-\alpha) = \sin\alpha$$
$$\cos(180°-\alpha) = -\cos\alpha \qquad (5.11)$$
$$\tan(180°-\alpha) = -\tan\alpha$$

公式(5.8)～公式(5.11)统称为三角函数的简化公式,也叫做诱导公式.利用这组公式可以将任意角的三角函数转化为锐角的同名三角函数.

利用计算器求三角函数值.

五、三角函数的图像和性质

1. 正弦函数的图像和性质

正弦函数 $y = \sin x$ 在区间 $[0, 2\pi]$ 上的图像(如图 $5-12$).

正弦函数 $y = \sin x$ 在定义域 **R** 上有下列性质:

(1) 最大值是 1,即 $y_{max} = 1$;最小值是 -1,即 $y_{min} = -1$. 值域:$[1, -1]$.

(2) 正弦函数是周期为 2π 的周期函数;

(3) 正弦函数是奇函数;

(4) 在区间 $[0, 2\pi]$ 范围内,在区间 $\left[0, \dfrac{\pi}{2}\right]$,$\left[\dfrac{3\pi}{2}, 2\pi\right]$ 上,正弦函数都是增函数;在区间 $\left[\dfrac{\pi}{2}, \dfrac{3\pi}{2}\right]$ 上,正弦函数是减函数.

2. 余弦函数的图像和性质

余弦函数 $y = \cos x$ 在 $[0, 2\pi]$ 上的图像如图 $5-19$ 所示.

余弦函数 $y = \cos x$ 在定义域 **R** 上主要有下列性质:

(1) 最大值是 1,即 $y_{max} = 1$;最小值是 -1,即 $y_{min} = 1$. 值域:$[-1, 1]$.

(2) 余弦函数是周期为 2π 的周期函数.

(3) 余弦函数是奇函数.

(4) 在区间 $[0, 2\pi]$ 范围内,在区间 $[0, \pi]$ 上余弦函数是减函数,在 $[\pi, 2\pi]$

上余弦函数是增函数.

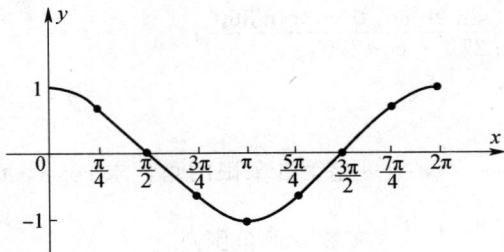

图 5 - 19

3. 正弦函数、余弦函数的"五点法"作图

在一个周期区间 $[0,2\pi]$ 上，自变量 x 分别取 $0,\dfrac{\pi}{2},\pi,\dfrac{3\pi}{2},2\pi$，计算对应的函数值，列表、描点、连接就可以得到正弦函数或余弦函数在一个周期区间上的简图. 这种作图的方法叫做"五点法".

六、已知三角函数值，利用计算器求角.

综合练习5

一、填空：

1. $2\,011°$ 是第_____象限的角，$-\dfrac{\pi}{3}$ 是第_____象限的角；

2. $90° =$ _____（弧度），$\dfrac{\pi}{4}$（弧度）_____（度）；

3. 终边重合于 x 轴负半轴的角度的集合是_____；

4. 用（$>$、$<$ 或 $=$）连接：

(1) $\sin(-10°)$ _____ 0； (2) $\cos 0$ _____ 0； (3) $\tan\dfrac{5\pi}{4}$ _____ 0；

(4) $\sin 180°$ _____ 0； (5) $\tan 360°$ _____ 0； (6) $\cos 10°$ _____ $\cos 20°$.

5. 函数 $y = 1 + \sin x$ 的最大值是_____，最小值是_____.

二、判断：

1. 第 1 象限的角都是锐角. （   ）

2. $180°$ 是第 2 象限或第 3 象限的角. （   ）

3. 余弦函数是偶函数. （   ）

4. 正弦函数的图像关于 y 轴对称. （   ）

5. 正弦函数与余弦函数都是以 2π 为周期的周期函数. （   ）

三、求值

(1) $\sin 570°$；   (2) $\cos\left(-\dfrac{3\pi}{4}\right)$；   (3) $\tan 855°$.

四、化简或求值：

(1) $\dfrac{\sin^2 180° + 2\sin 90° \cos 0° - 3\tan 360°}{\sin 270° - \cos 270°}$；

*(2) $\dfrac{\sin \alpha - \cos \alpha}{1 - \tan \alpha}$．

五、已知 $\sin \alpha = -\dfrac{1}{5}$，且 α 是第 3 象限的角，求 $\cos \alpha$，$\tan \alpha$ 的值．

六、已知 $\cos x = \dfrac{1-a}{2}$，求实数 a 的范围．

🔄 阅读与欣赏

蝴蝶效应

美国气象学家洛伦茨（Lorenz）于 1963 年提出，一只蝴蝶拍一下翅膀会不会在德克萨斯（Taxas）州引起一场龙卷风？这就是著名的"蝴蝶效应"，意为初始条件的十分微小的变化经过不断放大可能带动系统中长期的巨大连锁反应，对其未来状态会造成极其巨大的影响．

这个故事发生在 1961 年的某个冬天，洛伦茨如往常一般在办公室操作气象电脑．平时，他只需要将温度、湿度、压力等气象数据输入，电脑就会依据三个内建的微分方程式，计算出下一刻可能的气象数据，并模拟出气象变化图．

洛伦茨（1917—2007 年）

这一天，洛伦茨想更进一步了解某段纪录的后续变化，他把某时刻的气象数据重新输入电脑，让电脑计算出更多的后续结果．当时，电脑处理数据资料的速度不快，在结果出来之前，足够他喝杯咖啡并和友人闲聊一阵．在一小时后，结果出来了，令他目瞪口呆．结果和原资讯两相比较，初期数据还差不多，越到后期，数据差异就越大了，就像是不同的两笔资讯。而问题并不出在电脑，而在于他输入的数据差了 0.000 127，而这微小的差异却使结果有天壤之别．

"蝴蝶效应"之所以令人着迷、令人激动、发人深省，不但在于其大胆的想象力和迷人的美学色彩，更在于其深刻的科学内涵和内在的哲学魅力．

蝴蝶效应在经济生活中比比皆是：中国宣布发射导弹，港台 100 亿美元流向美国；泰铢实行自由浮动，引发亚洲金融危机和全球性股市下挫．

1998 年，亚洲发生的金融危机和美国曾经发生的股市风暴实际上就是经济运作中的"蝴蝶效应"．

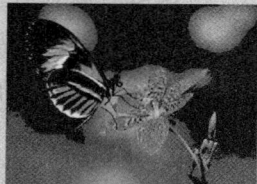

附录 预备知识 数、式、方程、不等式

为了使中职数学教学与义务教育阶段所学数学知识有效衔接，我们特选出了初中阶段已经学习过的有关数、式、方程和不等式的基本知识，作为中职数学学习的预备知识，以便同学们查阅、选用．

预备知识的内容包括：数的基本知识，整式与分式的运算，方程与方程组的解法，不等式与不等式组的解法．

1. 数及数的运算

1.1 数的基本知识

1. 数轴

规定了原点、长度单位和正方向的直线叫做数轴．

建立了数轴以后，任何一个实数都可以用数轴上的一个点来表示，反过来，数轴上的每一个点都表示一个实数．

例 1 将数 -2、$\frac{1}{3}$、1.5 表示在数轴上．

解 如图 1 所示，点 A、B、C 分别表示数 -2、$\frac{1}{3}$、1.5．

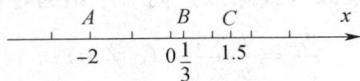

图 1

2. 倒数

如果两个数的乘积等于 1，则这两个数互为倒数，如 3 与 $\frac{1}{3}$，-5 与 $-\frac{1}{5}$，$\sqrt{2}$ 与 $\frac{\sqrt{2}}{2}$ 等都互为倒数．

1 的倒数是 1，0 没有倒数．

3. 相反数

如果两个数的和等于零，则这两个数互为相反数，如 -3 与 3，$-\dfrac{1}{5}$ 与 $\dfrac{1}{5}$ 等都互为相反数．0 的相反数是 0．

4. 绝对值

数轴上表示数 a 的点到原点的距离叫做这个数的绝对值，记作 $|a|$．

由绝对值的意义，一个正数的绝对值是它本身；负数的绝对值是它的相反数；零的绝对值是零，即

$$|a| = \begin{cases} a, & a > 0 \\ 0, & a = 0 \\ -a, & a < 0 \end{cases}.$$

例 2 求下列各数的绝对值．

(1) -2；　　(2) $\sqrt{2}$．

解　$|-2| = 2$，　$|\sqrt{2}| = \sqrt{2}$．

例 3 已知 $a \neq b$，求 $\dfrac{|a-b|}{b-a}$ 的值．

解　若 $a > b$，则 $a - b > 0$．

所以

$$\frac{|a-b|}{b-a} = \frac{a-b}{b-a} = -1.$$

若 $a < b$，则 $a - b < 0$．

所以

$$\frac{|a-b|}{b-a} = \frac{-(a-b)}{b-a} = \frac{-a+b}{b-a} = 1.$$

综上所述，$\dfrac{|a-b|}{b-a} = \begin{cases} -1, & a > b \\ 1, & a < b \end{cases}.$

5. 分数的基本性质

分数的分子与分母同乘以（或除以）同一个不为零的数，分数的值不变．即

$$\frac{b}{a} = \frac{b \times c}{a \times c} \quad (c \neq 0);$$

$$\frac{b}{a} = \frac{b \div c}{a \div c} \quad (c \neq 0).$$

根据分数的基本性质可以对分数进行约分，如 $\dfrac{20}{14} = \dfrac{10 \times 2}{7 \times 2} = \dfrac{10}{7}$．

6. 分数的运算

（1）分数的加减法。同分母的两个分数相加减，分母不变，分子相加减；异分母的两个分数相加减，先通分，再加减．即

$$\frac{b}{a} \pm \frac{c}{a} = \frac{b \pm c}{a};$$

$$\frac{b}{a} \pm \frac{d}{c} = \frac{bc}{ac} \pm \frac{ad}{ac} = \frac{bc \pm ad}{ac}.$$

（2）分数的乘法。两个分数相乘，分子、分母分别相乘．即

$$\cdot \frac{b}{a} \times \frac{d}{c} = \frac{bd}{ac}.$$

（3）分数的除法。一个数除以一个分数等于这个数乘以这个分数的倒数．即

$$a \div \frac{c}{b} = a \times \frac{b}{c} = \frac{ab}{c}.$$

例 4　计算：

（1）$\frac{1}{4} - \frac{2}{3}$；　　　　（2）$\frac{1}{2} \times \left(-\frac{5}{3}\right)$；　　　　（3）$1 \div \frac{5}{2}$．

解　（1）$\frac{1}{4} - \frac{2}{3} = \frac{3}{12} - \frac{8}{12} = -\frac{5}{12}$；

（2）$\frac{1}{2} \times \left(-\frac{5}{3}\right) = -\frac{1 \times 5}{2 \times 3} = -\frac{5}{6}$；

（3）$1 \div \frac{5}{2} = 1 \times \frac{2}{5} = \frac{2}{5}$．

7. 运算律

实数的加法与乘法满足交换律、结合律以及乘法对加法的分配律．即

$$a + b = b + a, \quad a \times b = b \times a;$$

$$(a + b) + c = a + (b + c), \quad (a \times b) \times c = a \times (b \times c);$$

$$a \times (b + c) = a \times b + a \times c.$$

练习 1.1

1 填空.

（1）$-\frac{3}{5}$ 的相反数是_____，0 的相反数是_____；

（2）$-2\frac{1}{2}$ 的倒数是_____，3 的倒数是_____；

（3）$|-1.7| = $_____，$|\sqrt{5}| = $_____．

2 若 $a + 2 = 0$，则 a 的相反数是_____；若 $2a = -1$，则 a 的倒数是_____．

3 求下列各式中 x 的值.

（1）$|x| = 3(x > 0)$；　　（2）$|x| = 1(x < 0)$．

4 已知 $a \neq 0$，求 $\frac{|a|}{a}$ 的值.

5 在数轴上表示下列各数.

$-\frac{1}{2}$，0，1.5，4．

6 计算.

(1) $\dfrac{1}{3}+\dfrac{2}{3}$；　　　(2) $1-\dfrac{1}{3}$；　　　(3) $\dfrac{5}{4}+1\dfrac{1}{2}$；

(4) $\dfrac{3}{2}\times\dfrac{5}{2}$；　　　(5) $-\dfrac{1}{2}\div3\dfrac{1}{2}$；　　(4) $\left(-\dfrac{3}{4}\right)\div\left(1-\dfrac{1}{2}-\dfrac{1}{3}\right)$．

1.2 数的乘方与开方

一、数的乘方

1. 正整数指数幂

n 个相同的数 a 的乘积，记作 a^n．读作"a 的 n 次方（或 a 的 n 次幂）"．其中 n 叫做指数（n 为正整数），a 叫做底数．即

$$a^n=\underbrace{a\,a\,a\cdots a}_{n\text{个}}\quad(n\text{是正整数}).$$

2. 零指数幂

任何不等于 0 的数的 0 次幂都等于 1．即

$$a^0=1\quad(a\neq0).$$

3. 负整数指数幂的意义

$$a^{-n}=\dfrac{1}{a^n}\quad(a\neq0,n\text{是正整数}).$$

4. 整数指数幂的运算法则

(1) $a^n\cdot a^m=a^{n+m}$；

(2) $a^n\div a^m=a^{n-m}$；

(3) $(a^m)^n=a^{mn}$；

(4) $(a\cdot b)^n=a^n\cdot b^n$．

其中，$a\neq0$，$b\neq0$，m、n 是整数．

例 1　计算：3^0；$(-1)^{-1}$；$4^{-1}\div\dfrac{1}{16}$；$\left(\dfrac{1}{3}\right)^{-2}$．

解　$3^0=1$；

$(-1)^{-1}=\dfrac{1}{-1}=-1$；

$4^{-1}\div\dfrac{1}{16}=\dfrac{1}{4}\times16=4$；

$\left(\dfrac{1}{3}\right)^{-2}=\dfrac{1}{\left(\dfrac{1}{3}\right)^2}=9$．

例 2　化简：$\dfrac{a^2b}{|ab|}(a>0,\ b<0)$．

解　因为 $a>0$，$b<0$，因此 $ab<0$．

所以
$$\frac{a^2 b}{|ab|} = \frac{a^2 b}{-ab} = -a.$$

二、数的开方

1. 平方根

若 $x^2 = a$（$a \geq 0$），则称 x 为 a 的平方根（二次方根）.

正数 a 的平方根为两个，它们互为相反数，记作 $\pm\sqrt{a}$，a 叫做被开方数，根指数是 2，根指数为 2 时省略不写. 把正数 a 的正的平方根 $\sqrt{a}$ 称为 a 的算术平方根.

零的平方根是零.

负数没有平方根.

平方根具有性质：$(\sqrt{a})^2 = a (a > 0)$，$\sqrt{a^2} = |a|$；
$$\sqrt{a \cdot b} = \sqrt{a} \cdot \sqrt{b} \quad (a > 0, b > 0);$$
$$\sqrt{\frac{a}{b}} = \frac{\sqrt{a}}{\sqrt{b}} \quad (a > 0, b > 0).$$

例 3 判断下列各数是否有平方根，有的话请求出.

(1) $\frac{1}{4}$ ；(2) 0 ；(3) -1.

解 (1) 因为 $\left(\pm\frac{1}{2}\right)^2 = \frac{1}{4}$，所以 $\frac{1}{4}$ 的平方根是 $\pm\frac{1}{2}$；

(2) 0 的平方根是 0；

(3) -1 没有平方根.

2. 立方根

若 $x^3 = a$，则称 x 为 a 的立方根（三次方根），记作 $\sqrt[3]{a}$. 其中 a 叫被开方数，3 叫根指数.

正数的立方根是正数，负数的立方根是负数，零的立方根是 0.

立方根具有性质：$\left(\sqrt[3]{a}\right)^3 = a$，$\sqrt[3]{a^3} = a$；
$$\sqrt[3]{a \cdot b} = \sqrt[3]{a} \cdot \sqrt[3]{b};$$
$$\sqrt[3]{\frac{a}{b}} = \frac{\sqrt[3]{a}}{\sqrt[3]{b}} \quad (b \neq 0).$$

例 4 写出下列各数的立方根.

(1) 8； (2) $-\frac{1}{27}$.

解 (1) 因为 $2^3 = 8$，所以 8 的立方根是 2；

(2) $\left(-\dfrac{1}{3}\right)^{3}=-\dfrac{1}{27}$，所以 $-\dfrac{1}{27}$ 的立方根是 $-\dfrac{1}{3}$.

三、利用计算器进行乘方与开方运算

在科学计算中，通常采用计算机或计算器来计算数的乘方与开方，这样可以大大提高计算的效率和准确性，本教材使用计算器是 CASIO fx－82ES PLUS，不同计算器的用法有所不同，请参阅说明书．下面举例说明怎样利用计算器进行数的乘方与开方运算．

例 5　用计数器计算.

(1) 5.32^{4}（保留 4 位有效数字）；

(2) $\sqrt{3}$（精确到 0.01）；

(3) $\sqrt[3]{5}$（精确到 0.001）.

解　设置精确度，顺次按键 $\boxed{\text{SHIFT}} \rightarrow \boxed{\text{MODE}} \rightarrow \boxed{6}$，

屏幕显示：Fix0～9

输入精确度，如精确到 0.000 1，按键 $\boxed{4}$；

若设置有效数字，顺次按键 $\boxed{\text{SHIFT}} \rightarrow \boxed{\text{MODE}} \rightarrow \boxed{7}$，

屏幕显示：Sci0～9?，

输入有效数字个数，如保留 3 位有效数字，按键 $\boxed{3}$.

一般指数幂利用 $\boxed{x^{\blacksquare}}$ 键来计算．具体步骤是：按 $\boxed{x^{\blacksquare}}$ →输入底数→移动光标→输入指数→ $\boxed{=}$.

利用 $\boxed{\sqrt{\blacksquare}}$ 键计算平方根．具体步骤是：按 $\boxed{\sqrt{\blacksquare}}$ →输入被开方数→ $\boxed{=}$.

利用 $\boxed{\sqrt[3]{\blacksquare}}$ 键计算立方根．具体步骤是：按 $\boxed{\text{SHIFT}} \rightarrow \boxed{\sqrt[3]{\blacksquare}} \rightarrow$ 输入被开方数→ $\boxed{=}$.

于是 $5.32^{4}\approx8.010\times10^{2}$，

$\sqrt{3}\approx1.73$，

$\sqrt[3]{5}\approx1.710$.

说明："保留 4 位有效数字"是指从数的左边第一个非零数字开始计 4 位，第 4 位数字由后一位数字四舍五入取得．"精确到 0.001"是指对小数点后第 4 位数四舍五入.

练习 1. 2

$\boxed{1}$ -1 的立方根是_____，$\dfrac{4}{9}$ 的平方根是_____.

② 计算：

(1) $\left(\dfrac{1}{4}\right)^{-2}$；(2) $a^{-2} \times a^3$；(3) $\dfrac{1}{3} \div \left(\dfrac{1}{3}\right)^{-1}$；

(4) $\sqrt[3]{-27}$；(5) $\sqrt{0.01 \times 10^5}$；(6) $\sqrt{(-5)^2}$.

② 化简：

(1) $\sqrt{(1-a)^2}$ $(a > 1)$；(2) $\dfrac{a^3}{(\sqrt{a})^2}$.

③ 利用计数器计算（精确到 0.01）.

3.12^3，1.02^8，$\sqrt[3]{2.05}$，$\sqrt{1.03}$.

2. 整式与分式

2.1 因式分解

因式分解就是将一个多项式化为几个因式的乘积，常用的方法有：提取公因式；十字相乘法；公式法；分组分解法等.

常用乘法公式：

$$(a+b)^2 = a^2 + 2ab + b^2;$$
$$(a-b)^2 = a^2 - 2ab + b^2;$$
$$(a+b)(a-b) = a^2 - b^2.$$

例 1 将下列各式分解因式.

(1) $3a^2 + ab - ab^2$；(2) $x^2 - x - 3$；(3) $x^2 + ax + bx + ab$.

解 (1) $3a^2 + ab - ab^2 = a(3 + b - b^2)$.

(2) 如图 2 所示，

$$x^2 - 2x - 3 = (x+1)(x-3).$$

一般地，$a_1 a_2 x^2 + (a_1 b_2 + a_2 b_1) x + b_1 b_2 = (a_1 x + b_1)(a_2 x + b_2)$，如图 3 所示.

(3)
$$x^2 + ax + bx + ab = (x^2 + bx) + (ax + ab)$$
$$= x(x+b) + a(x+b) = (x+b)(x+a)$$

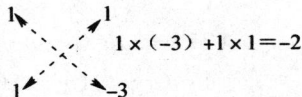

图 2　　　　　　　图 3

练习 2.1

分解下列各因式.

(1) $4a^2 b + ab^2 - (3ab)^2$；　　(2) $x^2 + 2x - 3$；

(3) $2x^2-x-3$;　　　　　　(4) $x^2-xy^2+x^2y-y^2$.

2.2　整式

像 $3x^2y$，$-x$，$5a^2bc$ 等的代数式叫单项式；像 $3x^2y+x$，$y-x$，a^2-ab+b^2 等的代数式叫多项式.

单项式与多项式统称为整式.

1. 整式的加、减法

进行整式的加、减法运算时，先去括号，然后合并同类项.

例 2　计算：

(1) $5a+3ab+a-10ab$；

(2) $(3x^2-2xy+5y^2)-3(xy+y^2-1)$.

解　(1) $5a+3ab+a-10ab$

$\quad\quad=6a-7ab$.

(2) $(3x^2-2xy+5y^2)-3(xy+y^2-1)$

$\quad\quad=3x^2-2xy+5y^2-3xy-3y^2+3$

$\quad\quad=3x^2-5xy+2y^2+3$.

2. 整式的乘法

单项式乘以多项式时，用单项式乘以多项式的每一项；多项式乘以多项式时，用一个多项式的每一项乘以另一个多项式的每一项，即

$$A(B+C)=AB+AC$$

$$(A+B)(C+D)=AC+AD+BC+BD.$$

其中，A、B、C、D 均为单项式.

例 3　计算：

(1) $-xy(3x+5y-1)$；(2) $(a+b)(a^2-ab+b^2)$.

解　(1) $-xy(3x+5y-1)=-3x^2y-5xy^2+xy$.

(2) $(a+b)(a^2-ab+b^2)$

$\quad\quad=a^3-a^2b+ab^2+ba^2-ab^2+b^3$

$\quad\quad=a^3+2ab^2+b^3$.

练习 2.2

计算：

(1) $(2x^2-x+5)-(x+3x^2-3)$；　　(2) $-3ab^2(a-b+ab)$；

(3) $x(x-y)+y(x+y)$；　　(4) $(a-b)(b-c)(c-a)$；

(5) $3x^5\times xy^2\div(-2xy)^2$.

2.3　分式

像 $\dfrac{1}{2x}$，$\dfrac{x-1}{x+1}$，$\dfrac{1}{x^2+3x-1}$ 等，这样的代数式叫做分式.

分式的分母不能为零，否则分式无意义.

例 4 分式 $\dfrac{x^2-1}{x+1}$ 何时无意义？何时分式的值为零？

解 当 $x+1=0$，即 $x=-1$ 时，分式无意义.

要使得分式 $\dfrac{x^2-1}{x+1}$ 的值为零，必须 $x^2-1=0$ 且 $x+1\neq0$，解得 $x=1$. 即当 $x=1$ 时，分式的值为零.

分式的基本性质：分式的分子和分母都乘以（或除以）同一个不等于零的整式，分式的值不变，即

$$\frac{A}{B}=\frac{A\times M}{B\times M} \qquad \frac{A}{B}=\frac{A\div M}{B\div M} \quad (M\neq0)$$

分式的加、减法运算：先通分，化为同分母的分式后，分母不变，分子相加、减.

通分的关键是求最小公分母，基本方法是：先将各分母分解因式，然后确定公因式（次数最高的因式），最后将各公因式相乘，即为最小公分母.

例 5 计算 $\dfrac{1}{a+b}-\dfrac{b}{a^2+2ab+b^2}$.

解 $\dfrac{1}{a+b}-\dfrac{b}{a^2+2ab+b^2}=\dfrac{1}{a+b}-\dfrac{b}{(a+b)^2}$

$=\dfrac{a+b}{(a+b)^2}-\dfrac{b}{(a+b)^2}=\dfrac{a+b-b}{(a+b)^2}$

$=\dfrac{a}{(a+b)^2}$.

分式的乘法运算：两个分式相乘，把分子相乘的积作为积的分子，分母相乘的积作为积的分母，最后分子、分母分别分解因式，并约分化简.

例 6 计算 $\dfrac{2a}{ab+b}\times\dfrac{b}{a^2+2ab}$.

解 $\dfrac{2a}{ab+b}\times\dfrac{b}{a^2+2ab}$

$=\dfrac{2ab}{(ab+b)(a^2+2ab)}$

$=\dfrac{2ab}{ab(a+1)(a+2b)}=\dfrac{2}{(a+1)(a+2b)}$.

分式的除法运算：把除式颠倒后与被除式相乘.

例 7 计算 $\dfrac{2a}{ab+b}\div\dfrac{a}{b}$.

解 $\dfrac{2a}{ab+b}\div\dfrac{a}{b}=\dfrac{2a}{b(a+1)}\times\dfrac{b}{a}=\dfrac{2}{a+1}$.

练习 2.3

1 当 $x=$ _____ 时，分式 $\dfrac{1}{2x+1}$ 无意义；当 $x=$ _____ 时，分式 $\dfrac{3x-1}{1-x}$ 的值为零.

2 若分式 $\dfrac{1}{1-2x}$ 有意义，求 x 的取值范围.

3 计算：

(1) $\dfrac{1}{a}+\dfrac{1}{ab}+\dfrac{1}{abc}$；　　　　(2) $\dfrac{1}{1-a}+\dfrac{1}{1+a}$；

(3) $\dfrac{2bx}{a^2+ay}\times\dfrac{ay+y^2}{3b^2y}$；　　　　(4) $\dfrac{x+1}{x-1}\div(x^2+x)$；

(5) $(3xy^2)^2\cdot(-2xy)$；　　　　(6) $\dfrac{3a^2b}{2x^3}\div\dfrac{ab}{(2bx)^2}$.

3. 方程与方程组

含有未知数的等式叫做方程，如 $x+1=0$，$3x^2-x-2=0$ 等；适合方程的未知数的值叫做方程的解（根），如 $x=-1$ 适合方程 $x+1=0$，因此 $x=-1$ 是方程 $x+1=0$ 的解；求方程的解的过程叫做解方程.

3.1　一元一次方程

含有一个未知数且未知数的最高次数是 1 的方程叫做一元一次方程．一元一次方程的一般形式为：

$$\boxed{ax+b=0\quad(a\neq0)}\tag{1}$$

方程（1）的解法是：① 移项 $ax=-b$；②方程两边同除以未知数的系数，即得方程（1）的解

$$x=-\dfrac{b}{a}.$$

例 1　解方程 $2x-3=0$.

解　移项得　　　　　　　　　$2x=3$

方程两边同除以 2，得方程的解 $x=\dfrac{3}{2}$.

练习 3.1

1 验证：$x=\dfrac{1}{2}$ 是否为方程 $2x-1=0$ 的解？

2 解方程：

(1) $\dfrac{2}{3}x+5=0$；(2) $-3x+6=0$.

3.2　一元二次方程

含有一个未知数且未知数的最高次数是 2 的方程叫做一元二次方程，一元二次方程的一般形式为：

$$ax^2+bx+c=0 \quad (a \neq 0)$$
\hfill (2)

1. 一元二次方程的根的判别式

方程（2）的判别式：$\Delta=b^2-4ac$.

当 $\Delta>0$ 时，方程（2）有两个不相等的实数解；

当 $\Delta=0$ 时，方程（2）有两个相等的实数解；

当 $\Delta<0$ 时，方程（2）没有实数解.

例 2　若方程 $x^2+ax+1=0$ 有两个相同的实数根，求 a 的值.

解　$\Delta=a^2-4$，当 $a^2-4=0$ 时，即 $a=\pm2$ 时，方程有两个相等的实数根.

2. 一元二次方程的解法

1）开平方法

例 3　解方程：$4x^2+4x-1=0$

解　配方，得

$$(2x+1)^2=2,$$

开平方，得

$$2x+1=\pm\sqrt{2},$$

所以，方程的解是 $x_1=\dfrac{\sqrt{2}-1}{2}$，$x_2=-\dfrac{\sqrt{2}+1}{2}$.

2）因式分解法

例 4　解方程：$x^2+x-2=0$

解　方程左边分解因式，得

$$(x-1)(x+2)=0,$$

由 $x-1=0$，得：$x=1$；由 $x+2=0$，得：$x=-2$.

所以，方程的解是 $x_1=1$，$x_2=-2$.

3）公式法

当 $\Delta\geqslant0$ 时，方程（2）有两个不相等的实数解或有两个相等的实数解，方程（2）的求根公式为：

$$x=\dfrac{-b\pm\sqrt{b^2-4ac}}{2a}$$
\hfill (3)

例5 解方程：$2x^2+3x-5=0$.

解 $a=2$，$b=3$，$c=-5$.

由于 $\Delta=3^2-4\times2\times(-5)=49>0$，

所以，方程有两个不相等的实数根，$x=\dfrac{3\pm\sqrt{49}}{2\times2}=\dfrac{3\pm7}{4}$，即

$$x_1=\frac{5}{2}，\quad x_2=-1.$$

3. 一元二次方程的根与系数的关系

设方程 $ax^2+bx+c=0$（$a\neq0$）的两个根是 x_1、x_2，则

$$\boxed{x_1+x_2=-\frac{b}{a}，\quad x_1\cdot x_2=\frac{c}{a}}\qquad(4)$$

这个结论称为韦达定理，它描述了一元二次方程的根与系数的关系.

例6 已知方程 $x^2+4x+m=0$ 的一个根是 -1，求它的另一个根.

解 设另一个根是 x_2，由韦达定理，得：$x_2+(-1)=-4$，解得 $x_2=-3$.

例7 已知方程 $x^2+x+5a=0$ 的两个根互为倒数，求 a 的值.

解 设方程的一个根是 x_1，则另一个根为 $x_2=\dfrac{1}{x_1}$，即 $x_1\cdot x_2=1$

由韦达定理，得：$x_1\cdot x_2=5a$，即 $5a=1$，所以，$a=\dfrac{1}{5}$.

练习 3.2

1 解方程：

(1) $(3x+2)^2=9$；　　(2) $x^2+3x-4=0$；

(3) $x^2+2x-3=0$；　　(4) $2x^2+x+5=0$.

2 已知方程 $2x^2+3x+m=0$ 的一个根是 $\dfrac{1}{2}$，求 m 的值，并求出它的另一个根.

3 已知方程 $x^2+ax+1=0$ 有两个相等的实数根，求 a 的值.

3.3 二元一次方程组

由两个二元一次方程组成的方程组，叫做二元一次方程组. 如 $\begin{cases}2x+y=2\\x-5y=-1\end{cases}$.

解二元一次方程组，通常采用代入消元法和加减消元法.

例8 解方程组：$\begin{cases}x+3y=0 & (1)\\3x-y=1 & (2)\end{cases}$

解1：（代入消元法）

由（1），得

$$x = -3y \tag{3}$$

将（3）代入（2），得

$$3 \cdot (-3y) - y = 1,$$

解得

$$y = -\frac{1}{10}$$

将 $y = -\frac{1}{10}$ 代入（1），解得

$$x = \frac{3}{10},$$

所以原方程组的解是 $\begin{cases} x = \dfrac{3}{10} \\ y = -\dfrac{1}{10} \end{cases}.$

解 2：（加减消元法）

（1）×3，得

$$3x + 9y = 0 \tag{4}$$

（4）－（2），得

$$y = -\frac{1}{10}$$

将 $y = -\frac{1}{10}$ 代入（1），得

$$x = \frac{3}{10},$$

所以方程组的解是 $\begin{cases} x = \dfrac{3}{10} \\ y = -\dfrac{1}{10} \end{cases}.$

练习 3.3

解下列方程组：

(1) $\begin{cases} 2x + 3y = 1 \\ x - 2y = 3 \end{cases}$;   (2) $\begin{cases} x + y = 0 \\ 3x - y = 10 \end{cases}.$

4. 不等式与不等式组

不等式的性质：

(1) 不等式两边加（或减）同一个数，不等号方向不变.

(2) 不等式两边同乘一个正数，不等号方向不变；不等式两边同乘一个负

数，不等号方向改变.

4.1　一元一次不等式

只含有一个未知数，且未知数的最高次数是 1 的不等式称为一元一次不等式，如 $5x+1>0$，$1-\dfrac{2x+7}{4}\leqslant x$ 等都是一元一次不等式.

不等式的解即为使不等式成立的未知数的取值范围．解一元一次不等式就是利用不等式的性质，将不等式化为 $x>a$ 或 $x<a$ 的形式．不等式的解可以在数轴上形象的表示出来.

解一元一次不等式的一般步骤是：去分母、去括号、移项、合并同类项、不等式两边同除以未知数的系数.

例 1　解不等式 $x\geqslant 1+\dfrac{5x-2}{3}$，并将不等式的解在数轴上表示出来.

解　去分母，得　　　　　　$3x\geqslant 3+(5x-2)$，

去括号，得　　　　　　　　$3x\geqslant 3+5x-2$，

移项、合并，得　　　　　　　$-2x\geqslant 1$，

不等式两边同除以 -2，得 $x\leqslant -\dfrac{1}{2}$.

不等式的解在数轴上的表示如图 4 所示.

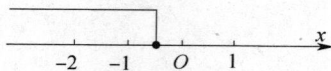

图 4

练习 4.1

解下列不等式，并将不等式的解在数轴上表示出来.

(1) $1-4x<0$；　　　　(2) $\dfrac{2x-1}{3}>\dfrac{x+3}{2}-1$.

4.2　一元一次不等式组

由几个一元一次不等式组成的不等式组叫做一元一次不等式组.

使不等式组成立的未知数的取值范围叫做不等式组的解.

解一元一次不等式组的一般方法是：解每个一元一次不等式；将各个不等式的解在数轴上表示出来，找出公共部分，即为不等式组的解.

例 2　解不等式组

$$\begin{cases} x+3>0 & (1) \\ 2x-1<0 & (2) \end{cases}$$

解　由（1），得

$$x > -3 \tag{3}$$

由（2），得

$$x < \frac{1}{2} \tag{4}$$

将不等式（1）、（2）的解表示在数轴上（如图 5 所示）.

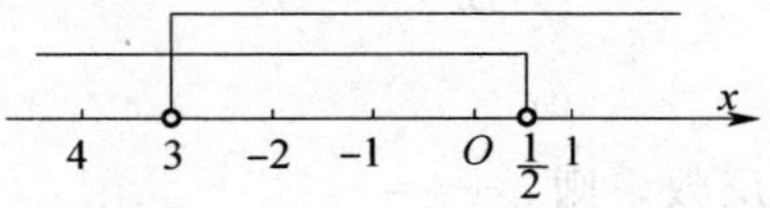

图 5

观察图 5，得到不等式组的解为 $3 < x < \frac{1}{2}$.

练习 4.2

解下列各不等式组：

(1) $\begin{cases} x+1>0 \\ 3x-2<0 \end{cases}$;   (2) $\begin{cases} 2x-1<3(x+1) \\ x>-4 \end{cases}$;

(3) $\begin{cases} 2-3x\leqslant 0 \\ 3(x-1)<10 \end{cases}$;   (4) $-1 < \dfrac{1-2x}{3} \leqslant 4$.

综合练习

一、选择题

1. 数轴上点 P 到原点的距离是 3，则点 P 对应的实数是（　　）.

   A. 3   B. -3 C. 3 或 -3

2. 实数 $a+|a|$（$a<0$）的倒数是（　　）.

   A. $\dfrac{1}{a+|a|}$ B. $\dfrac{1}{2a}$ C. 不存在

3. 数 1 的平方根与立方根分别是（　　）.

   A. ± 1 与 1   B. 1 与 ± 1 C. 1 与 1

4. 若分式 $\dfrac{x^2-1}{x^2-2x+1}$ 的值为零，则 x 的值是（　　）.

   A. 1   B. -1 C. 1 或 -1

5. 满足 $x=|x|$ 的 x 的值是（　　）.

   A. $x\geqslant 0$ B. $x=0$ C. $x>0$

6. 根式 $\sqrt{-x}$ 有意义，则（　　）.

   A. $x\leqslant 0$ B. $x\geqslant 0$ C. $x<0$

7. 一元二次方程 $x^2+x+1=0$ 的根的情况是（　　）.

   A. 有两个不相等的实数根   B. 有两个相等的实数根   C. 没有实数根

8 若 $(-x)^2 = 3^2$，则 $x =$ （　　）.

A. 3 或 -3 B. 3   C. -3

9 不等式组 $\begin{cases} 2x > 1 \\ x > -1 \end{cases}$ 的解是（　　）.

A. $x > \dfrac{1}{2}$ B. $x > -1$ C. $-1 < x < \dfrac{1}{2}$

二、填空题

1 若 a 与 b 互为相反数，则 $a + b =$ _____.

2 91 的平方根是_____；-1 的立方根是_____.

3 当_____时，分式 $\dfrac{3x+5}{x+1}$ 无意义；当_____时，分式 $\dfrac{3x+5}{x+1}$ 的值为零.

4 $\sqrt{(-1)^2} =$ _____.

5 若 $|a| = 1$，则 a 的值是_____.

6 方程 $(2x+1)^2 = 1$ 的解是_____.

7 若方程 $2x^2 + ax - 1 = 0$ 的一个解是 -1，则 a 的值是_____.

8 不等式 $-4x + 1 \leqslant 0$ 的解是_____.

三、化简或计算

1. $\dfrac{b}{a-b} + \dfrac{a}{a+b}$；   2. $\dfrac{x^2+x-6}{x-3} \div \dfrac{x+3}{x^2-x-6}$.

四、因式分解

1. $ax^2 - 2ax + a$；   2. $ab - ay + bx - xy$.

五、解方程或方程组

1. $3x + 4 = 0$；   2. $2x^2 - x - 1 = 0$；   3. $\begin{cases} 5x - y = 1 \\ x + 3y = 2 \end{cases}$

六、解不等式或不等式组

1. $1 - 3x > \dfrac{x+2}{3}$；   2. $\begin{cases} 5x - 2 > 0 \\ 2(1-3x) < x \end{cases}$.

七、解答题

1. 若方程 $x^2 + ax - 4 = 0$ 有两个相等的实数解，求 a 的值.

2. 设 $A = \dfrac{x+1}{2x-1}$，试问 x 为何值时？A 与 A 的倒数相等.